高级语言程序设计

主　编　宋宏光　高心丹
副主编　徐正芳
主　审　任洪娥

U0213795

东北林业大学出版社
·哈尔滨·

图书在版编目（CIP）数据

高级语言程序设计／宋宏光，高心丹主编. — 哈尔滨：
东北林业大学出版社，2014.8
（东北林业大学优秀教材丛书）
ISBN 978-7-5674-0486-1

Ⅰ.①高… Ⅱ.①宋…②高… Ⅲ.①C 语言-程序设计-
高等学校-教材 Ⅳ.①TP312

中国版本图书馆 CIP 数据核字（2014）第 197483 号

责任编辑：任兴华
封面设计：乔鑫鑫
出版发行：东北林业大学出版社
　　　　　　（哈尔滨市香坊区哈平六道街 6 号　邮编：150040）
印　　装：哈尔滨市石桥印务有限公司
开　　本：787mm×960mm　1/16
印　　张：16
字　　数：287 千字
版　　次：2014 年 8 月第 1 版
印　　次：2014 年 8 月第 1 次印刷
定　　价：35.00 元

如发现印装质量问题，请与出版社联系调换。（电话：0451-82113296　82191620）

前　　言

高级语言程序设计在世界范围内都是高等学校的一门基本的计算机教育课程，而 C 语言的功能丰富、表达能力强、应用广、运行效率高等特点不仅使其成为高级语言程序设计教程中首选的一门程序设计语言，还为后续课程开展发挥着重要的基础教学作用。

在以往教学过程中，学生普遍反映 C 语言比较难学，本书编者根据多年的教学实践经验，提出程序设计学习"要遵循整体结构概念、软件工程概念，程序设计过程应先实践、后总结、再归类分析、继续实践推广"的理念。

按照上述理念，本书编者在前人的研究基础上进一步深入发掘与整理，在书稿撰写过程中结合本科教学实践工作，并引入软件工程基本理念，一改以往教材单纯片面地侧重于程序设计语言的细节而忽略了系统整体的结构，教材始终贯彻了"实践—认识—再实践"的理念，将学习程序设计的过程与软件工程实施过程进行了有效的统一。书中的每一个概念、每一个例题、每一个案例都经过了作者的深思熟虑与实际调试。

本书内容先进，概念清晰，讲解详尽且通俗易懂，书中的概念、例题都凝聚了作者多年积累的经验，由浅入深，由简单到复杂，前后贯穿，达到举一反三的目的。读者在学习过程中能轻松入门并在总结中快速提高，避免入门即陷入烦琐的细节问题，导致学习兴趣下降。

本书第 1 章、第 2 章、第 3 章、第 4 章、第 5 章、第 6 章、第 9 章由黑龙江工程学院徐正芳老师编写，第 7 章、第 8 章由东北林业大学高心丹老师编写，第 10 章、第 11 章、第 12 章由东北林业大学宋宏光编写，全书由宋宏光进行最后统稿，由任洪娥审定。在本书编写过程中，东北林业大学信息学院高级语言重点课建设组的老师们给予了大力支持，并提出了宝贵意见，在此表示衷心的感谢！

由于编写水平有限，书中难免有不妥和错误之处，恳请广大读者批评指正（编者邮箱：ghsong_57@ hotmail.com.）。

编者

2013 年 12 月

目　　录

1　计算机系统概述

计算机系统已发展成为一个庞大的家族,其中的每个成员,尽管在规模、性能、结构和应用等方面存在着很大的差别,但是它们的基本结构是相同的。计算机系统包括硬件系统和软件系统两大部分。硬件系统由中央处理器、内存储器、外存储器和输入/输出设备组成,如图 1-1 所示。

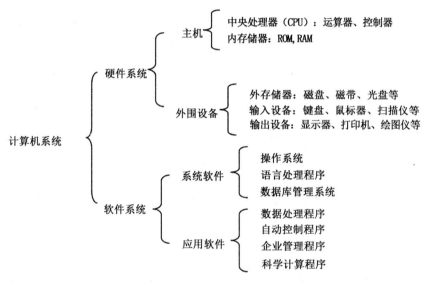

图 1-1　计算机系统组成

计算机通过执行程序而运行。计算机工作时,软、硬件协同工作,两者缺一不可。

1.1　计算机系统组成

1.1.1　硬件系统

硬件系统是构成计算机的物理装置,是指在计算机中看得见、摸得着的有形实体。在计算机的发展史上做出杰出贡献的著名应用数学家冯·诺依曼(von Neumann)与其他专家于 1945 年为改进 ENIAC,提出了一个全新的存储程序的通用电子计算机方案。这个方案规定了新机器由 5 个部分组成:运算器、逻辑控制装置、存储器、输入和输出,并描述了这 5 个部分的职能和相互关系。这个方案与 ENIAC 相比,有两个重大改进:一是采用二进制;二是提出了"存储程序"的设计思想,即用记忆数据的同一装置存储执行运算的命令,使程序的执行可自动地从一条指令进入到下一条指令。这个概念被誉为计算机史上的一个里程碑。计算机的存储程序和程序控制原理被称为冯·诺依曼原理,按照上述原理设计制造的计算机称为冯·诺依曼机,如图 1-2 所示。

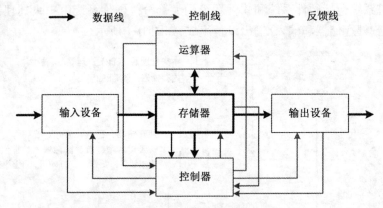

图 1-2　计算机逻辑组成

概括起来,冯·诺依曼结构有 3 条重要的设计思想:

(1)计算机应由运算器、控制器、存储器、输入设备和输出设备 5 大部分组成,每个部分具有一定的功能;

(2)以二进制的形式表示数据和指令,二进制是计算机的基本语言;

(3)程序预先存入存储器中,使计算机在工作中能自动地从存储器中读取出程序指令并加以执行。

1.1.2　计算机的基本工作原理

1.1.2.1　计算机的指令系统

指令是能被计算机识别并执行的二进制代码,它规定了计算机能完成的某一种操作。一条指令通常由如下两个部分组成。

(1)操作码:它是指明该指令要完成的操作,如存数、取数等。操作码的位数决定了一个机器指令的条数。当使用定长度操作码格式时,若操作码位数为 n,则指令条数可有 2^n 条。

(2)操作数:它指操作对象的内容或者所在的单元格地址。操作数在大多数情况下是地址码,地址码有 0~3 位。从地址代码得到的仅是数据所在的地址,可以是源操作数的存放地址,也可以是操作结果的存放地址。

1.1.2.2 计算机的工作原理

计算机的工作过程实际上是快速地执行指令的过程。当计算机在工作时,有两种信息在流动,一种是数据流,另一种是控制流。

数据流是指原始数据、中间结果、结果数据、源程序等。控制流是由控制器对指令进行分析、解释后向各部件发出的控制命令,用于指挥各部件协调地工作。

下面以指令的执行过程来认识计算机的基本工作原理。计算机的指令执行过程分为如下几个步骤:

(1)取指令:从内存储器中读取出指令送到指令寄存器。

(2)分析指令:对指令寄存器中存放的指令进行分析,由译码器对操作码进行译码,将指令的操作码转换成相应的控制电信号,并由地址码确定操作数的地址。

(3)执行指令:它是由操作控制线路发出的完成该操作所需要的一系列控制信息,以完成该指令所需要的操作。

(4)为执行下一条指令做准备:形成下一条指令的地址,指令计数器指向存放下一条指令的地址,最后控制单元将执行结果写入内存。

上述完成一条指令的执行过程叫作一个"机器周期"。计算机在运行时,CPU 从内存读取一条指令到 CPU 内执行,指令执行完,再从内存读取下一条指令到 CPU 执行。CPU 不断地取指令、分析指令、执行指令,再取下一条指令,这就是程序的执行过程。总之,计算机的工作就是执行程序,即自动连续地执行一系列指令,而程序开发人员的工作就是编制程序,使计算机不断地工作。

1.1.3 计算机软件系统

软件系统是指使用计算机所运行的全部程序的总称。软件是计算机的灵魂,是发挥计算机功能的关键。有了软件,人们可以不必过多地去了解机器本身的结构与原理,可以方便灵活地使用计算机,从而使计算机有效地为人类工作、服务。

随着计算机应用的不断发展,计算机软件在不断积累和完善的过程中,形成了极为宝贵的软件资源。它在用户和计算机之间架起了桥梁,给用户的操作带来极大的方便。

在计算机的应用过程中,软件开发是个艰苦的脑力劳动过程,软件生产的自动化水平还很低,所以许多国家投入大量人力从事软件开发工作。正是有了内容丰富、种类繁多的软件,使用户面对的不仅是一部实实在在的计算机,而且还包含许多软件的抽象的逻辑计算机(称为虚拟机),这样人们可以采用更加灵活、方便、有效的手段使用计算机。从这个意义上说,软件是用户与计算机的接口。

在计算机系统中,硬件和软件之间并没有一条明确的分界线。一般来说,任何一个由软件完成的操作也可以直接由硬件来实现,而任何一个由硬件执行的指令也能够用软件来完成。硬件和软件有一定的等价性,如图像的解压,以前低档微机是用硬件解压,现在高档微机则用软件来实现。

软件和硬件之间的界线是经常变化的。要从价格、速度、可靠性等多种因素综合考虑,来确定哪些功能用硬件实现合适,哪些功能由软件实现合适。

1.2 如何学习 C 语言程序设计

·学习语言的语法结构。
·学习语法是为了更好地应用。
·在实践中学习语法。
·课上教学分模块进行,课下要求能够举一反三,最终能够搭建完整功能的程序。

习题

1.1 自学并简答

(1)设法查找有关计算机组成、工作原理及计算机发展方面的书籍。

(2)查找程序设计语言及发展的书籍,了解计算机程序设计方面的计算机术语。

(3)了解 C 语言的主要特点和优点。

(4)设法查找 ANSI C 标准或者中国国家标准 GB/T 12272-94《程序设计语言 C》,浏览这些标准的目录,了解在定义一个程序语言时需要说明哪些内容。

(5)了解 C 语言的一些常用编译系统或是集成开发环境,熟悉它们的使用方法和基本操作。

1.2 思维训练——写出下面题目的计算过程

(1)有两个瓶子 A 和 B,分别盛放醋和酱油,写出符合情理的计算过程将它们互换。

(2)有三个数,写出找出其中最大数的计算过程。

(3)写出求一元二次方程 $ax^2 + bx + c = 0$ 的根的计算方法。

(4)写出判断一个年份是闰年的方法。

(5)写出用以求 100 以内能被 3 和能被 7 整除的所有数之和计算过程。

2 基本数据类型

2.1 C 语言的数据类型

程序、算法处理的对象是数据。数据通常是以某种特定的形式存在(如整数、实数、字符)的,那么数据如何放在计算机中处理,又是以什么样的途径放入计算机去处理表示呢? C 语言采取的途径是使用数据类型与变量来实现将数据交给计算机去处理。

2.1.1 数据类型

(1)数据类型是某一类数据的共同特征。

(2)数据类型隐含地说明了该类型数据在计算机内应用时所需要的存储空间的大小。

(3)数据类型隐含地说明了该类型数据在计算机内能够进行的运算操作。

C 语言的数据结构是以数据类型的形式体现。也就是说,C 语言中数据是有类型的,数据的类型简称数据类型,如整型数据、实型数据、整型数组类型、字符数组类型分别代表我们常说的整数、实数、数列、字符串。C 语言的数据类型见图 2-1。

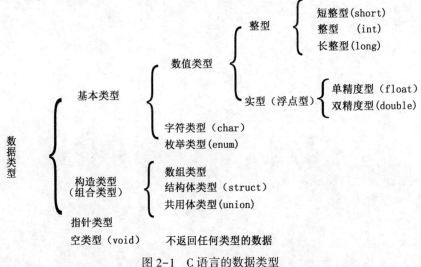

图 2-1 C 语言的数据类型

2.1.2 变量

程序设计语言中的变量是数据类型的具体实现,是数据类型的实例。变量的基本特点如下。

(1)变量一定是某一种数据类型的变量,拥有该数据类型的全部特征。

(2)变量是该数据类型的数据在计算机内的具体表现。

(3)变量本质上是计算机内存空间的一种符号表示,程序设计语言借助于这种符号完成对内存空间的使用。这个符号也称为变量名。

(4)在 C 程序设计中变量必须遵循"先定义,后使用"的原则。

(5)变量所对应的内存空间中的数据,在程序运行过程中可以随时变化调整,故而称为变量。

(6)变量所对应的内存空间的获得,由系统自动决定空间的位置以及分配的时机,见图 2-2。

图 2-2　C 语言的变量

2.1.3　C 语言的标识符

2.1.3.1　C 语言字符集

字符是 C 语言最基本的元素,C 语言字符集由字母、数字、空白、标点和特殊字符组成(在字符串常量和注释中还可以使用汉字等其他图形符号)。由字符集中的字符可以构成 C 语言进一步的语法成分(如标识符、关键词、运算符等)。

(1)字母:A-Z,a-z;

(2)数字:0-9。

在 C 语言中约定,标识符符号的组合仅能由字母、数字和下划线 3 种要素构成,其中标识符的第一个符号必须是字母或下划线。

需要注意的是,C 语言对有些符号的组合,已经事先约定为表示特殊意义的用途,我们把这些标识符称为保留字或者关键字,这些标识符不能再继续拿来重新定义使用。

2.1.3.2　标识符(名字)

用来标识变量名、符号常量名、函数名、数组名、类型名等实体(程序对象)的有效字符序列。标识符由系统事先约定或者用户自定义(取名字)。C

语言标识符定义规则：

（1）标识符只能由字母、数字和下划线三种字符组成，且第一个字符必须为字母或下划线。

例如：

合法的标识符：user　_user　name　x_1　str1

不合法的标识符：u ser　u&ser　n＊ame

（2）大小写敏感。C 程序员习惯变量名小写，常量名大写，但不绝对，如用 windows 编程，应当使用匈牙利表示法（大小写混用，每个单词词首第一个大写，其余小写，如 WinMain）。

例如：sum 不同于 Sum；BOOK 不同于 book。

（3）ANSI C 没有限制标识符长度，但各个编译系统都有自己的规定和限制（TC 32 个字符，MSC 8 个字符）。

例如：student_name，student_number 如果取 8 个，这两个标识符是相同的。

（4）标识符不能与"关键词"同名，也不与系统预先定义的"标准标识符"同名。

（5）建议：标识符命名应当有一定的意义，做到见名知义。

（6）关键词（保留字）：C 语言规定的具有特定意义的字符串。

（7）运算符：运算符将常量、变量、函数连接起来组成表达式，表示各种运算。运算符可以由一个或多个字符组成。

（8）分隔符：逗号，空格。起分隔、间隔作用。

（9）注释符："／＊"和"＊／"构成一组注释符。编译系统将／＊ … ＊／之间的所有内容看作为注释，编译时编译系统忽略注释。

①注释在程序中的作用是提示、解释作用。

注释与软件的文档同等重要，要养成使用注释的良好习惯，这对软件的维护相当重要。记住：程序是要给别人看的，自己也许还会看自己几年前编制的程序（相当于别人看你的程序），清晰的注释有助于他人理解程序段的作用和算法的思路。

②在软件开发过程中，还可以将注释用于程序的调试，即暂时屏蔽一些语句。

例如，在调式程序时暂时不需要运行某段语句，而又不希望立即从程序中删除它们，可以使用注释符将这段程序框起来，暂时屏蔽这段程序，以后可以方便地恢复。

2.2　计算机中各种进制数据的表示形式

2.2.1　各种进制的数

2.2.1.1　十进制数据

(1)计数基数　0～9；

(2)采用位置计数法,不同位置有不同位权。

例如:325。

$$325 = 3*10^2+2*10^1+5*10^0 \quad N_{10} = \sum_{i=-m}^{n-1} K_i*10^i$$

2.2.1.2　二进制数据

(1)计数基数　0～1；

(2)采用位置计数法,不同位置有不同位权。

例如:110。

$$110 = 1*2^2+1*2^1+0*2^0 \quad N_2 = \sum_{i=-m}^{n-1} K_i*2^i$$

2.2.1.3　八进制数据

(1)计数基数　0～7；

(2)采用位置计数法,不同位置有不同位权。

例如:0760。

$$760 = 7*8^2+6*8^1+0*8^0 \quad N_8 = \sum_{i=-m}^{n-1} K_i*8i$$

2.2.1.4　十六进制数据

(1)计数基数　0～9　A～F；

(2)采用位置计数法,不同位置有不同位权。

例如:0xFE6。

$$FE6 = 15*16^2+14*16^1+6*16^0 \quad N_{16} = \sum_{i=-m}^{n-1} K_i*16^i$$

2.2.2　各种进制之间数的转换

2.2.2.1　其他进制转换为十进制

按位权展开求和即可。

例如:二进制转换为十进制

$$1101 = 1 * 2^3 + 1 * 2^2 + 0 * 2^1 + 1 * 2^0 = 8 + 4 + 0 + 1 = 13$$

2.2.2.2 十进制转换为非十进制

设 $N(x)$ 为非十进制数,则有(位置计数法) $N(x) = \sum_{i=-m}^{n-1} K_i * x^i$;

(1)其中:对于整数部分 $N(x) = \sum_{i=0}^{n-1} K_i * x^i = K_{n-1} * X^{n-1} + K_{n-2} * X^{n-2} + \cdots + K_2 * X^2 + K_1 * X^1 + K_0 * X^0$,其中 K_i 就是非十进制整数部分各个位权上的值。

等式两边同时除上计数基数 X ;则有 $N(x)/X = K_{n-1} * X^{n-1} + K_{n-2} * X^{n-2} + \cdots + K_2 * X^2 + K_1 * X^1 + K_0$ 则余数 K_0 可得,以此类推采用除基数取余数的方法,可以将各个位权上的系数求得。

(2)其中:对于小数部分 $N(x) = \sum_{i=-m}^{-1} K_i * x^i = K_{-1} * X^{-1} + K_{-2} * X^{-2} + \cdots + K_{-m} * X^{-m}$

等式两边同时乘以基数 X 则有 $N(x) * X = K_{-1} + K_{-2} * X^{-1} + \cdots + K_{-m} * X^{-(m-1)}$,则 K_{-1} 可得,同理对余下 $k_{-2} \sim K_{-m}$ 同样可得。

2.3 整型数据

2.3.1 带符号的基本整型数据

(1)带符号的基本整型数据(int)。

(2)带符号的基本整型数据使用 2~4 个字节内存存储空间。

(3)整型数据的定义 int x。

(4)整型数据在计算机内存中的表示:

①在计算机内存中数据的符号和数值是一同存储的。我们约定用 0 表示正数;用 1 表示负数;

②在计算机内任何数据都是以二进制 0,1 形式存储的。

③假定计算机系统对带符号的数用 2 个字节表示。若有如下情况,int x, y,x=+5,y=−5,则 x,y 所代表的内存单元存放该数据形式如下:

0	0	0	0	0	0	0	0	0	0	0	0	0	1	0	1
1	0	0	0	0	0	0	0	0	0	0	0	0	1	0	1

问题来了,我们发现将这两块内存单元数据相加得到这样一个结果:

1	0	0	0	0	0	0	0	0	0	0	0	1	0	1	0

而我们期望的是 0;为此单纯地将符号数值化存储并一同参与计算还需要做进一步处理。为了便于符号和数值一起参与运算,计算机在存储整型数据时采用了补码的方式来进行存储。一个数的补码,其中 n 是存储数据的位数,称 2^n 为模。

$$【X】补 = \begin{cases} X & 0 \leqslant X < 2^{n-1} \\ 2^n - X & 2^{n-1} \leqslant X < 0 \end{cases}$$

数值是以补码表示的:

正数的补码和原码相同;

负数的补码:将该数的绝对值的二进制形式按位取反再加 1。

例如:求 -5 的补码。

5 原码:

0	0	0	0	0	0	0	0	0	0	0	0	0	1	0	1

5 的反码:

1	1	1	1	1	1	1	1	1	1	1	1	1	0	1	0

再加 1,得 -5 补码:

1	1	1	1	1	1	1	1	1	1	1	1	1	0	1	1

由此可知,左面的第一位仍然是表示符号的,但此时符号和数值是一同参与运算,产生的进位自动丢失。

本质上来讲,补码的表示是将存储数据的 n 位存储空间分为两半,一半用于存放正整数,一半用于存放负整数。但正负表示的起点各不相同,正数从全 0 开始,最高位仍然是符号位,负数是从全 1 开始,最高位也表示符号位,但符号位是一同参与数值计算的。

例如:$n = 4$,模 $2n = 16$。

7	0111
6	0110
5	0101
4	0100
3	0011
2	0010

1	0001
0	0000
-1	1111
-2	1110
-3	1101
-4	1100
-5	1011
-6	1010
-7	1001
-8	1000

因而,对于一个负数的补码求其值,只要从左侧开始找到第一个 1 不动,然后将其左侧其他位依次取反,就是该负数的值。

2.3.2　其他整型数据

整型变量的分类:

整型变量的基本类型为 int。通过加上修饰符,可定义更多的整数数据类型。

(1)根据表达范围可以分为:基本整型 (int)、短整型(short int)、长整型(long int)。用 long 型可以获得大范围的整数,但同时会降低运算速度。

(2)根据是否有符号可以分为:有符号(signed,默认),无符号(unsigned)。目的是扩大表示范围,有些情况只需要用正整数。

有符号整型数的存储单元的最高位是符号位(0:正;1:负),其余为数值位。无符号整型数的存储单元的全部二进制位用于存放数值本身而不包含符号。

归纳起来可以用 6 种整型变量:

①有符号基本整型:[signed] int

②有符号短整型:[signed] short [int]

③有符号长整型:[signed] long [int]

④无符号基本整型:unsigned [int]

⑤无符号短整型:unsigned short [int]

⑥无符号长整型:unsigned long［int］

C 标准没有具体规定上面数据类型所占用的字节数,只要求 long 型数据长度不短于 int 型,short 型不长于 int 型。具体如何实现,由各计算机系统和不同的编译器进行决定。如 TC 编译器上 short,int 都是 16 位,而 long 是 32 位;VC 编译器上,int,long 都是 32 位,而 short 是 16 位。

2.3.3　整型变量的定义

2.3.3.1　变量定义格式

数据类型名 变量名表。

例 2-1:

```
int main( void )
{
    int x,y,c,d;
    unsigned u;
    x=12; y=-24;  u=10;
    c=x+u;  d=y+u;
    printf("%d,%d\n",c,d); return 0;
}
```

说明:

(1)变量定义时,可以说明多个相同类型的变量。各个变量用“,”分隔。类型说明与变量名之间至少有一个空格间隔。

(2)最后一个变量名之后必须用“;”结尾。

(3)变量说明必须在变量使用之前,称之为先定义、后使用。

(4)可以在定义变量的同时,对变量进行初始化。

例 2-2:变量初始化。

```
int main( void )
{
    int a=3,b=5;
    printf("a+b=%d\n",a+b);  return 0;
}
```

2.3.3.2　整型数据的溢出

例 2-3:整型数据的溢出。

```
int main( void )
{  int a,b;
```

```
        a=32767;
        b=a+1;
        printf("\na=%d,a+1=%d\n",a,b);
        a=-32768;
        b=a-1;
        printf("\na=%d,a-1=%d\n",a,b);
        return 0;
    }
```

a=32767,a+1=-32768

a=-32768,a-1=32767

32767+1=-32768;-32768-1=32767。

超出范围就发生"溢出",运行时不报错。

2.3.4　整型常量

常量是指在程序运行过程中,其值不能被改变的量,常量也要占据内存单元,但常量所占据内存单元的内容不能被修改。

2.3.4.1　十进制整型常量

例如:23,-56,0。

2.3.4.2　八进制整型常量

以 0 开头,后面跟几位的数字(0~7)。

例如:023。

2.3.4.3　十六进制整型常量

以 0x 开头,后面跟几位的数字(0~9,A~F)。

例如:0x123,-0x12。

说明:整型常量还可以用:

u 或 U 明确说明为无符号整型数;

l 或 L 明确说明为长整型数。

2.4　实型数据

2.4.1　实型常量的表示方法

实数(浮点数)有以下两种表示形式。

2.4.1.1 十进制小数形式

由数字、小数点组成(必须有小数点)。

例如:.123,123.,123.0,0.0

2.4.1.2 指数形式

格式:aEn。

例如:123e3,123E3 都是实数的合法表示。

注意:

(1)字母 e 或 E 之前必须有数字,e 后面的指数必须为整数。

例如:e3,2.1e3.5,.e3,e 都不是合法的指数形式。

(2)规范化的指数形式。在字母 e 或 E 之前的小数部分,小数点左边应当有且只能有一位非 0 数字。用指数形式输出时,是按规范化的指数形式输出的。

例如:2.3478e2,3.0999E5,6.46832e12 都属于规范化的指数形式。

(3)实型常量都是双精度,如果要指定它为单精度,可以加后缀 f(实型数据类型参看实型变量部分说明)。

(4)实型常量的类型。许多 C 编译系统将实型常量作为双精度实数来处理,这样可以保证较高的精度,缺点是运算速度降低。在实数的后面加字符 f 或 F,如 1.65f,654.87F,使编译系统按单精度处理实数。

2.4.2 实型变量

2.4.2.1 实型数据在内存中的存放形式

一个实型数据一般在内存中占 4 个字节(32 位)。与整数存储方式不同,实型数据是按照指数形式存储的。系统将实型数据分为小数部分和指数部分,并分别存放。实型数据存放的形式如下:

+	.3456789	2

标准 C 没有规定用多少位表示小数、多少位表示指数部分,由 C 编译系统自定。例如,很多编译系统以 24 位表示小数部分,8 位表示指数部分。小数部分占的位数多,实型数据的有效数字多,精度高;指数部分占的位数多,则表示的数值范围大。

2.4.2.2 实型变量的分类

实型变量分为单精度(float)、双精度(double)和长双精度(long double)几种类型。

ANSI C 没有规定每种数据类型的长度、精度和数值范围。表 2.1 列出微机上常用的 C 编译系统的情况,不同的系统会有差异。

表 2.1　实型数据的参数

类型	比特数	有效数字	数值范围
float	32	6~7	$-3.4 \times 10^{+38} \sim 3.4 \times 10^{+38}$
double	64	15~16	$-1.7 \times 10^{+308} \sim 1.7 \times 10^{+308}$
long double	128	18~19	$-1.2 \times 10^{+4932} \sim 1.2 \times 10^{+4932}$

对于每一个实型变量也都应该先定义后使用。如:

float x,y;

double z;

2.4.2.3　实型数据的舍入误差(对比:整型数据的溢出)

实型变量是用有限的存储单元存储的,因此提供的有效数字是有限的,在有效位以外的数字将被舍去,由此可能会产生一些误差。

例 2-4:实型数据的舍入误差(实型变量只能保证 7 位有效数字,后面的数字无意义)。

```
int main( void )
{
    float a,b;
    a = 123456.789e5;
    b = a+20;
    printf( "a = %f,b = %f\n" ,a,b) ;
    printf( "a = %e,b = %e\n" ,a,b) ;return 0;
}
```

a = 12345678848.000000,b = 12345678848.000000

a = 1.23457e+10,b = 1.23457e+10

结论:

由于实数存在舍入误差,使用时要注意:

(1)不要试图用一个实数精确表示一个大整数,记住:浮点数是不精确的。

(2)实数一般不判断"相等",而是判断接近或近似。

(3)避免直接将一个很大的实数与一个很小的实数相加、相减,否则会

"丢失"小的数。

(4)根据要求选择单精度、双精度。

例2-5:根据精度要求,选择实数类型。

```c
int main( void )
{
    float a;
    double b;
    a=33333.33333;
    b=33333.3333333333;
    printf( "a=%f,b=%f\n" ,a,b); return 0;
}
```

2.5 字符型数据

2.5.1 字符常量

字符常量是用单引号(' ')括起来的一个字符。字符常量主要用下面几种形式表示:

(1)可显示的字符常量直接用单引号括起来,如' a '' x '' D ''?'' $ '等都是字符常量。

(2)所有字符常量(包括可以显示的、不可显示的)均可以使用字符的转义表示法表示(ASCII 码表示)。

转义表示格式:' \ddd ' 或 ' \xhh '(其中 ddd,hh 是字符的 ASCII 码,ddd 八进制、hh 十六进制)。注意:不可写成' \0xhh ' 或 ' \0ddd '(整数)。

(3)预先定义的一部分常用的转义字符,如' \n '—换行,' \t '—水平制表,见表 2.2 所示。

表 2.2 常见转义字符表

转义字符	转义字符的意义	ASCII 代码
\n	回车换行	10
\t	横向跳到下一制表位置	9
\b	退格	8
\r	回车	13
\f	走纸换页	12

续表 2.2

转义字符	转义字符的意义	ASCII 代码
\\	反斜线符"\"	92
\´	单引号符	39
\"	双引号符	34
\a	鸣铃	7
\ddd	1~3 位八进制数所代表的字符	
\xhh	1~2 位十六进制数所代表的字符	

例 2-6：分析数据的格式输出。

注意：\b,\t 对输出的控制作用。

```
int main( )
{
    printf( "   xy   z\tde\rf\n" );
    printf( "heilongjiang\tL\bM\n" ); return 0;
}
```

2.5.2 字符变量

字符变量是用来存放字符数据,同时只能存放一个字符。C 语言用 char 表示字符类型数据类型,所有编译系统都规定以一个字节来存放一个字符,或者说,一个字符变量在内存中占一个字节,如:char x,y;

字符数据在内存中的存储形式:以字符的 ASCII 码(见附录 A),以二进制形式存放,占用 1 个字节。例如:char ch1 = ´x´;实际上是在 ch 单元内存放 120 的二进制代码:

Ch1:	0	1	1	1	1	0	0	0

可以看出字符数据以 ASCII 码存储的形式与整数的存储形式类似,这使得字符型数据和整型数据之间可以通用(当作整型量)。具体表现为:

(1)可以将整型量赋值给字符变量,也可以将字符量赋值给整型变量。

(2)可以对字符数据进行算术运算,相当于对它们的 ASCII 码进行算术运算。

(3)一个字符数据既可以以字符形式输出(ASCII 码对应的字符),也可以以整数形式输出(直接输出 ASCII 码)。

注意:尽管字符型数据和整型数据之间可以通用,但是字符型只占 1 个字节,即如果作为整数使用范围 0~255(无符号) ,–128~127(有符号)。

例2-7:给字符变量赋以整数(字符型、整型数据通用)。

```
main( )          / * 字符'a'的各种表达方法 * /
{char c1 = 'a';
  char c2 = '\x61';
  char c3 = '\141';
  char c4 = 97;
  char c5 = 0x61;
  char c6 = 0141;
  printf ( "\nc1 = %c,c2 = %c,c3 = %c,c4 = %c,c5 = %c,c6 = %c\n",c1,
      c2,c3,c4,c5,c6) ;
  printf ( "c1 = %d,c2 = %d,c3 = %d,c4 = %d,c5 = %d,c6 = %d\n",c1,c2,
      c3,c4,c5,c6) ;
  getch( ) ;
}
```

c1 = a,c2 = a,c3 = a,c4 = a,c5 = a,c6 = a

c1 = 97,c2 = 97,c3 = 97,c4 = 97,c5 = 97,c6 = 97

过程:整型数 =>机内表示(两个字节) = >取低8位赋值给字符变量

例2-8:大小写字母的转换(ASCII 码表:小写字母比对应的大写字母的 ASCII 码大32,本例还可以看出允许字符数据与整数直接进行算术运算,运算时字符数据用 ASCII 码值参与运算)。

```
main( )
{   char c1,c2,c3;
  c1 = 'a';    c2 = 'b';
  c1 = c1-32;   c2 = c2-32;   c3 = 130;
  printf( "\n%c %c %c\n",c1,c2,c3) ;
  printf("%d %d %d\n",c1,c2,c3) ;
  getch( ) ;
}
```

A B

65 66 -126

2.5.3 字符串常量

字符串:是一对双引号("")括起来的字符序列。

例如:"How do you do?" "CHINA" "a" " $ 123.45".

注意：

(1)区分字符常量与字符串常量。如'a'和"a"。

C语言规定：在每个字符串的结尾加一个"字符串结束标志"，以便系统据此判断字符串是否结束。C规定以'\0'(ASCII码为0的字符)作为字符串结束标志。

例如："CHINA"在内存中的存储(长度=6)应当是：

C	H	I	N	A	\0

(2)不能将字符串赋给字符变量。

(3)C语言没有专门的字符串变量，如果想将一个字符串存放在变量中，可以使用字符数组。即用一个字符数组来存放一个字符串，数组中每一个元素存放一个字符。

2.6　变量赋初值

程序中常常需要对一些变量预先设置初值，C语言允许在定义变量的同时对变量初始化。

例如：

```
int a=3;           /* 指定 a 为整型变量,初值为 3 */
float f=3.56;    /* 指定 f 为实型变量,初值为 3.56 */
char c='a';       /* 指定 c 为字符型变量,初值为'a' */
```

可以只对定义的一部分变量赋初值。

初始化不是在编译阶段完成的，而是在程序运行时执行本函数时赋予初值的，相当于有一个赋值语句。

```
int a,b=2,c=5;     /*    指定 a,b,c 为整型变量,只对 b、c 初始化,b
```
的初值为 2 ,c 的初值为 5 */

```
int a=3;
```
相当于：

```
int a;
a=3;
```

2.7　各类数值型数据(整型、实型、字符型)的混合运算

整型(包括 int,short,long)和实型(包括 float,double)数据可以混合运算,

另外字符型数据和整型数据可以通用,因此,整型、实型、字符型数据之间可以混合运算。

例如:表达式 10+'a'+1.5-8765.1234 * 'b' 是合法的。

在进行运算时,不同类型的数据先转换成同一类型的数据,然后进行计算。转换的方法有两种:自动转换(隐式转换)和强制转换。

2.7.1 自动转换(隐式转换)

自动转换发生在不同类型数据进行混合运算时,由编译系统自动完成。转换规则参看图 2-3。

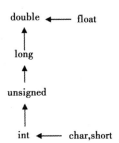

图 2-3 数据类型自动转换方向

(1)类型不同,先转换为同一类型,然后进行运算。

(2)图中纵向的箭头表示当运算对象为不同类型时转换的方向。可以看到箭头由低级别数据类型指向高级别数据类型,即数据总是由低级别向高级别转换,即按数据长度增加的方向进行,保证精度不降低。

(3)图中横向向左的箭头表示必定的转换(不必考虑其他运算对象)。如字符数据参与运算必定转化为整数,float 型数据在运算时一律先转换为双精度型,以提高运算精度(即使是两个 float 型数据相加,也先都转换为 double 型,然后再相加)。

(4)赋值运算,如果赋值号"="两边的数据类型不同,赋值号右边的类型转换为左边的类型。这种转换是截断型的转换,不会四舍五入。

2.7.2 强制转换

强制转换是通过类型转换运算来实现的。

一般形式:(类型说明符)表达式

功能:把表达式的结果强制转换为类型说明符所表示的类型。

例如:

(int)a 将 a 的结果强制转换为整型量。

(int)(x+y)将 x+y 的结果强制转换为整型量。

(float)a+b 将 a 的内容强制转换为浮点数,再与 b 相加。

说明:

(1)类型说明和表达式都需要加括号(单个变量可以不加括号)。

(2)无论隐式转换,还是强制转换都是临时转换,不改变数据本身的类型和值。

例 2-9:强制类型转换。

```
int main( void )
{
    float f=5.75;
    printf(" (int)f=%d\n",(int)f);   /*将 f 的结果强制转换为整型,输出 */
    printf("f=%f\n",f);   /*输出 f 的值 */
    return 0;
}
```

结果:

(int)f=5

f=5.750000

习题

注意:若不特别说明,以下各题目中所涉及的数据范围均为 16 位编译系统下的数据。

2.1 选择题

(1)下面选项中不合法的用户标志符是(　　)。

　　A. _123　　　　　　　　B.Ab

　　C.printf　　　　　　　　D.Dim

(2)以下选项中不正确的实型常量是(　　)。

　　A.1.607E-1　　　　　　B.0.8103e2.5

　　C.-66.67　　　　　　　D.456e-2

(3)以下选项中正确的整型常量是(　　)。

　　A.12.　　　　　　　　　B.-20

　　C.1,000　　　　　　　　D.4 5 6

（4）用8位无符号二进制数能表示的最大十进制数为（　　　）。

    A. 127　　　　　　　　　　B.128

    C. 255　　　　　　　　　　D.256

（5）C语言中基本数据类型包括（　　　）。

    A.整型、实型、逻辑型　　　B.整型、实型、字符型

    C.整型、字符型、逻辑型　　D.整型、实型、逻辑型、实型

（6）下列叙述中正确的是（　　　）。

    A.C语言中既有逻辑类型也有集合类型

    B.C语言中没有逻辑类型但有集合类型

    C.C语言中有逻辑类型但没有集合类型

    D.C语言中既没有逻辑类型也没有集合类型

（7）在C语言中，不正确的int类型的常数是（　　　）。

    A. 32768　　　　　　　　　B.0

    C. 037　　　　　　　　　　D. 0xaf

（8）C语言中能用八进制表示的数据类型为（　　　）。

    A.字符型、整型　　　　　　B.整型、实型

    C.字符型、实型、双精度型　D.字符型、整型、实型、双精度型

（9）在C语言中，5种基本数据类型的存储空间长度的排列顺序为（　　　）。

    A.char<int<long int <=float<double

    B.char=int<long int <=float<double

    C.char<int<long int =float=double

    D.char=int=<long int <=float<double

（10）在C语言中，合法的长整型常数是（　　　）。

    A.0L　　　　　　　　　　B.4962710

    C.0412765　　　　　　　　D.0xa34b7fe

（11）若有以下定义语句 char c1＝′b′，c2＝′e′；printf（"%d,%c\n"，c2－c1，c2－′a′+′A′）；则输出结果是（　　　）。

    A.2,M　　　　　　　　　　B.3,E

    C.2,E　　　　　　　　　　D.输出项与相应的格式控制不一致,输出结果不确定

（12）执行下列程序段后的输出结果是（　　　）。

```
int x＝-1；
printf（"%d,%u,%o"，x,x,x）；
```

A.-1,-1,-1   B.-1,32767,-177777

C.-1,32768,177777   D. -1,65535,177777

(13)设有说明语句 char a = ´\72´;则变量 a 是(   )。

A.包含 1 个字符   B.包含 2 个字符

C.包含 3 个字符   D.说明不合法

(14)不合法的十六进制数是(   )。

A.0xff   B.0xabc

C.0x11   D.0x1G

(15)C 语言中运算对象必须是整型的运算符是(   )。

A.%   B. /

C.!   D. *

2.2　填空题

(1)设有以下定义,并已赋予了确定的值:char w; int x; float y; double z;则表达式 w * x+z-y 所求得值的数据类型为_____。

(2)在 C 语言中整数可用_____进制数、_____进制数和_____进制数三种数制表示。

(3)数值类型的数据在计算机中存储的形式是_____。

(4)在 C 语言中,char 型数据在内存中的存储形式是_____。

(5)若有以下定义语句:int u=010,v=0x10,w=10; printf("%d,%d,%d\n",u,v,w);则输出结果是_____。

(6)下面程序的输出是_____。

```
int main()
{
    unsigned a=32768;
    printf("a=%d\n",A); return 0;
}
```

(7)把 a1,a2 定义成双精度的实型变量,并赋初值为 0.5 的语句是_____。

2.3　阅读程序并回答问题

(1)写出下列程序的输出结果。

下列程序执行后的输出结果是_____。

```
int main()
```

```
{
    double d; float f; long l; int j;
    j=f=l=d=20/3;
    printf("%d %d %f %f\n",j,l,f,d);
    return 0;
}
```

(2)写出以下程序的运行结果。

```
int main()
{   char  c1='a',c2='b',c3='c',c4='\101',c5='\116';
    printf("a %c b%c\t c%c\t abc\n",c1,c2,c3);
    printf("\t\b%c%c",c4,c5);
    return 0;
}
```

(3)下列程序的输出结果。

```
int main()
{
    double d=3.2;   int x,y;
    x=1.2;   y=(x+3.8)/5.0;
    printf("%.2f\n",d*y);
    return 0;
}
```

(4)检查你所使用的 C 语言编译系统,弄清楚其中各基本数值类型数据的表示范围、所占计算机内存的字节数。

3 运算符与表达式

3.1 C运算符简介

运算符:狭义的运算符是表示各种运算的符号。

表达式:使用运算符将常量、变量、函数连接起来,构成表达式。

C语言运算符丰富,范围很宽,把除了控制语句和输入/输出以外的几乎所有的基本操作都作为运算符处理,所以C语言运算符可以看作是操作符。C语言丰富的运算符构成C语言丰富的表达式(是运算符就可以构成表达式)。运算符丰富、表达式丰富、灵活。

在C语言中除了提供一般高级语言的算术、关系、逻辑运算符外,还提供赋值运算符、位操作运算符、自增自减运算符等,甚至数组下标、函数调用都可以作为运算符。

C语言的运算符不仅具有不同的优先级,而且具有结合性。在表达式中,各运算量参与运算的先后顺序不仅要遵守运算符优先级别的规定,还要受运算符结合性的制约,以便确定是自左向右进行运算还是自右向左进行运算。这种结合性是其他高级语言的运算符所没有的,因此也增加了C语言的复杂性。

C语言的运算符可分为以下几类:

(1)算术运算符:用于各类数值运算,包括加(+)、减(-)、乘(*)、除(/)、求余(或称模运算,%)、自增(++)、自减(--)共七种。

(2)关系运算符:用于比较运算。包括大于(>)、小于(<)、等于(==)、大于等于(>=)、小于等于(<=)和不等于(!=)六种。

(3)逻辑运算符:用于逻辑运算。包括与(&&)、或(||)、非(!)三种。

(4)位操作运算符:参与运算的量,按二进制位进行运算。包括位与(&)、位或(|)、位非(~)、位异或(^)、左移(<<)、右移(>>)六种。

(5)赋值运算符:用于赋值运算,分为简单赋值(=)、复合算术赋值(+=,-=,*=,/=,%=)和复合位运算赋值(&=,|=,^=,>>=,<<=)三类共十一种。

(6)条件运算符:这是一个三目运算符,用于条件求值(?:)。

(7)逗号运算符:用于把若干表达式组合成一个表达式(,)。

(8)指针运算符:用于取内容(*)和取地址(&)二种运算。

(9)求字节数运算符:用于计算数据类型所占的字节数(sizeof)。

(10)特殊运算符:有括号( ),下标[ ],成员(→,.)等几种。

本章主要介绍算术运算符(包括自增自减运算符)、赋值运算符、逗号运算符,其他运算符在以后相关章节中结合有关内容陆续进行介绍。

3.2 算术运算符和算术表达式

3.2.1 算术运算符

+(加法运算符。如 3+5)

−(减法运算符或负值运算符。如 5−2,−3)

*(乘法运算符。如 3 * 5)

/(除法运算符。如 5/3,5.0/3)

%(模运算符或求余运算符,%要求两侧均为整型数据。如 7%4 的值为 3)。

除了负值运算符是单目运算符外,其他都是双目运算符。

说明:

(1)两个整数相除的结果为整数,如 5/3 的结果为 1,舍去小数部分。但是如果除数或被除数中有一个为负值,则舍入的方向是不固定的,多数机器采用"向 0 取整"的方法(实际上就是舍去小数部分,注意:不是四舍五入)。

(2)如果参加+,−, * ,/运算的两个数有一个为实数,则结果为 double 型,因为所有实数都按 double 型进行计算。

(3)求余运算符%,要求两个操作数均为整型,结果为两数相除所得的余数。求余也称为求模。一般情况,余数的符号与被除数符号相同。

例如:−8%5=−3;8%−5=3

3.2.2 算术表达式

算术表达式:用算术运算符和括号将运算对象(也称操作数)连接起来的、符合 C 语法规则的式子,称为算术表达式。运算对象可以是常量、变量、函数等。

例如,下面是一个合法的 C 算术表达式。a * b/c−1.5+´a´。

注意:

C 语言算术表达式的书写形式与数学表达式的书写形式有一定的区别：

（1）C 语言算术表达式的乘号（＊）不能省略，如数学式 b^2-4ac，相应的 C 表达式应该写成 b＊b-4＊a＊c。

（2）C 语言表达式中只能出现字符集允许的字符，如数学 πr^2 相应的 C 表达式应该写成 PI＊r＊r（其中 PI 是已经定义的符号常量）。

（3）C 语言算术表达式不允许有分子分母的形式，如(a+b)/(c+d)。

（4）C 语言算术表达式只使用圆括号改变运算的优先顺序（不要指望用 ｛｝[ ]）。可以使用多层圆括号，此时左右括号必须配对，运算时从内层括号开始，由内向外依次计算表达式的值。

3.2.3　（算术）运算符的优先级与结合性（附录 B）

C 语言规定了进行表达式求值过程中，各运算符的"优先级"和"结合性"。

（1）C 语言规定了运算符的"优先级"和"结合性"。在表达式求值时，先按运算符的"优先级别"高低次序执行。

如表达式：a-b＊c 等价于 a-(b＊c)，"＊"运算符优先级高于"-"运算符。

（2）如果在一个运算对象两侧的运算符的优先级别相同，则按规定的"结合方向"处理。

例如：a-b+c，到底是(a-b)+c 还是 a-(b+c)？（b 先与 a 参与运算还是先于 c 参与运算?）

查附录 B 可知：+/-运算优先级别相同，结合性为"自左向右"，即就是说 b 先与左边的 a 结合，所以 a-b+c 等价于(a-b)+c。

左结合性（自左向右结合方向）：运算对象先与左面的运算符结合。

右结合性（自右向左结合方向）：运算对象先与右面的运算符结合。

（3）在书写多个运算符的表达式时，应当注意各个运算符的优先级，确保表达式中的运算符能以正确的顺序参与运算，对于复杂表达式，为了清晰起见可以加圆括号"( )"强制规定计算顺序。

3.3　赋值运算符和赋值表达式

3.3.1　赋值运算符、赋值表达式

赋值运算符：赋值符号"="就是赋值运算符。

赋值表达式:由赋值运算符组成的表达式称为赋值表达式。一般形式:

〈变量〉〈赋值符〉〈表达式〉

赋值表达式的求解过程:将赋值运算符右侧的表达式的值赋给左侧的变量,同时整个赋值表达式的值就是刚才所赋的值。赋值的含义:将赋值运算符右边的表达式的值存放到左边变量名标识的存储单元中。

例如:x=10+y; 执行赋值运算(操作),将10+y的值赋给变量x,同时整个表达式的值就是刚才所赋的值。

说明:

(1)赋值运算符左边必须是变量,右边可以是常量、变量、函数调用或常量、变量、函数调用组成的表达式。

例如:x=10,y=x+10,y=func( )都是合法的赋值表达式。

(2)赋值符号"="不同于数学的等号,它没有相等的含义("=="相等)。

例如:C语言中x=x+1是合法的(数学上不合法),它的含义是取出变量x的值加1,再存放到变量x中。

(3)赋值运算时,当赋值运算符两边数据类型不同时,将由系统自动进行类型转换。转换原则是:先将赋值号右边表达式类型转换为左边变量的类型,然后赋值。

①将实型数据(单、双精度)赋给整型变量,舍弃实数的小数部分。

②将整型数据赋给单、双精度实型变量,数值不变,但以浮点数形式存储到变量中。

③将double型数据赋给float型变量时,截取其前面7位有效数字,存放到float变量的存储单元中(32bits),但应注意数值范围不能溢出。将float型数据赋给double型变量时,数值不变,有效位数扩展到16位(64bits)。

④字符型数据赋给整型变量时,由于字符只占一个字节,而整型变量为2个字节,因此将字符数据(8bits)放到整型变量低8位中。有两种情况:

如果所使用的系统将字符处理为无符号的量或对unsigned char型变量赋值,则将字符的8位放到整型变量的低8位,高8位补0。

如果所使用的系统将字符处理为带符号的量(signed char)(如Turbo C),若字符最高位为0,则整型变量高8位补0;若字符最高位为1,则整型变量高8位全补1,这称为符号扩展,这样做的目的是使数值保持不变。

将一个int,short,long型数据赋给一个char型变量时,只是将其低8位原封不动地送到char型变量(即截断)。

将带符号的整型数据(int型)赋给long型变量时,要进行符号扩展。即,将整型数的16位送到long型低16位中,如果int型数值为正,则long型变量的高 16 位补 0,如果 int 型数值为负,则 long 型变量的高 16 位补 1,以保证数值不变。反之,若将一个 long 型数据赋给一个 int 型变量,只将 long 型数据中低 16 位原封不动地送到整型变量(即截断)。

将 unsigned int 型数据赋给 long int 型变量时,不存在符号扩展问题,只要将高位补 0 即可。将一个 unsigned 类型数据赋给一个占字节相同的整型变量,将 unsigned 型变量的内容原样送非 unsigned 型变量中,但如果数据范围超过相应整数的范围,则会出现数据错误。

将非 unsigned 型数据赋给长度相同的 unsigned 型变量,也是原样照赋。

总之,不同类型的整型数据间的赋值归根到底就是按照存储单元的存储形式直接传送(由长型整数赋值给短型整数,截断直接传送;由短型整数赋值给长型整数,低位直接传送,高位根据低位整数的符号进行符号扩展)。

(4)C 语言的赋值符号" = "除了表示一个赋值操作外,还是一个运算符,也就是说赋值运算符完成赋值操作后,整个赋值表达式还会产生一个所赋的值,这个值还可以利用。赋值表达式的求解过程如下:

①先计算赋值运算符右侧的"表达式"的值;

②将赋值运算符右侧"表达式"的值赋值给左侧的变量;

③整个赋值表达式的值就是被赋值变量的值。

例如:分析 x=y=z=3+5 这个表达式。根据优先级:原式⇔x=y=z=(3+5);根据结合性(从右向左):⇔x=(y=(z=(3+5)))⇔x=(y=(z=3+5));z=3+5:先计算 3+5,得值 8 赋值给变量 z,z 的值为 8,(z=3+5)整个赋值表达式值为 8;y=(z=3+5):将上面(z=3+5)整个赋值表达式值 8 赋值给变量 y,y 的值为 8,(y=(z=3+5))整个赋值表达式值为 8;x=(y=(z=3+5)):将上面(y=(z=3+5))整个赋值表达式值 8 赋值给变量,z 的值为 8,整个表达式 x=(y=(z=3+5))的值为 8。最后,x,y,z 都等于 8。

运算步骤:

序号	表达式	变量及值	表达式的值
1	z=3+5	z(8)	8
2	y=(z=3+5)	y(8)	8
3	x=(y=(z=3+5))	x(8)	8

将赋值表达式作为表达式的一种,使赋值操作不仅可以出现在赋值语句中,而且可以以表达式的形式出现在其他语句中。

3.3.2 复合赋值运算符

在赋值符"="之前加上某些运算符,可以构成复合赋值运算符,复合赋值运算符可以构成赋值表达式。C 语言中许多双目运算符可以与赋值运算符一起构成复合运算符,即

+= , -= , * = , /= , %= , <<= , >>= , &= , |= , ^=

复合赋值表达式一般形式: <变量><双目运算符>=<表达式>

等价于: <变量>=<变量><双目运算符><表达式>

例如:

n+=1 等价于 n=n+1

x * =y+1 等价于 x=x * (y+1)   注意:赋值运算符、复合赋值运算符的优先级比算术运算符低。

赋值运算符、赋值表达式举例:

(1)a=5

(2)a=b=5

(3)a=(b=4)+(c=3)

(4)假如 a=12,分析:a+=a-=a * a

a+=a-=a * a ⇔ a+=a-=(a * a) ⇔ a+=(a-=(a * a)) ⇔ a+=(a=a-(a * a)) ⇔ a+=(a=a-a * a) ⇔ a=a+(a=a-a * a)

3.4 自增、自减运算符

单目运算符,使变量的值增 1 或减 1。

例如:++i, i++   --i, i--

注意:

(1)++i,--i(前置运算):先自增、减,再参与运算;i++,i--(后置运算):先参与运算,再自增、减。

例如:i=3,分析 j=++i; j=i++;

(2)自增、减运算符只用于变量,而不能用于常量或表达式。

例如:6++,(a+b)++,(-i)++都不合法。

(3)++,--的结合方向是"自右向左"(与一般算术运算符不同)。

例如:-i++和-(i++) 合法。

(4)自增、自减运算符常用于循环语句中,使循环变量自动加1,也用于指针变量,使指针指向下一个地址。

有关表达式使用过程中的问题说明。

(1)C 运算符和表达式使用灵活,利用这一点可以巧妙处理许多在其他语言中难以处理的问题。但是 ANSI C 并没有具体规定表达式中的子表达式的求值顺序,允许各编译系统自己安排。这可能导致有些表达式对不同编译系统有不同的解释,并导致最终结果的不一致。

例如:a=f1()+f2()中 f1,f2 哪个先调用。

例如:i=3,表达式(i++)+(i++)+(i++)的值。有些系统等价 3+4+5,Turbo C 等价 3+3+3。

(2)C 语言有的运算符为一个字符,有的由两个字符组成,C 编译系统在处理时尽可能多地将若干字符组成一个运算符(在处理标识符、关键字时也按同一原则处理)。如 i+++j 将解释为(i++)+j 而不是 i+(++j)。为避免误解,最好采用大家都能理解的写法,比如通过增加括号明确组合关系,改善可读性。

(3)C 语言中类似的问题还有函数调用时,实参的求值顺序,C 标准也无统一规定。如:i=3,printf("%d,%d",i,i++);有些系统执行的结果为 3,3;有些系统为 4,3。

总之,不要写别人看不懂(难看懂)、也不知道系统会怎样执行的程序。

3.5 逗号运算符和逗号表达式

C 语言提供一种特殊的运算符-逗号运算符(顺序求值运算符)。用它将两个或多个表达式连接起来,表示顺序求值(顺序处理)。用逗号连接起来的表达式称为逗号表达式。

例如:

逗号表达式的一般形式:表达式 1,表达式 2,…,表达式 n

逗号表达式的求解过程是:自左向右,求解表达式 1,求解表达式 2,…,求解表达式 n。整个逗号表达式的值是表达式 n 的值。

例如:逗号表达式 3+5,6+8 的值为 14。

例 3-1:a=3 * 5,a * 4。

查运算符优先级表可知,"="运算符优先级高于","运算符(事实上,逗号运算符级别最低)。所以上面的表达式等价于:(a=3 * 5),(a * 4)。所以整个表达式计算后值为:60(其中 a=15)。

例 3-2:

```
int main( void )
```

```
{  int x,a;
   x=(a=3,6*3);                    /* a=3 x=18 */
   printf("%d,%d\n",a,x);
   x=a=3,6*a;                      /* a=3 x=3 */
   printf("%d,%d\n",a,x);return 0;}
3,18
3,3
```

逗号表达式主要用于将若干表达式"串联"起来,表示一个顺序的操作(计算),在许多情况下,使用逗号表达式的目的只是想分别得到各个表达式的值,而并非一定需要得到和使用整个逗号表达式的值。

3.6 小结

3.6.1 C 的数据类型

C 的数据类型主要有:基本类型、构造类型、指针类型、空类型。

3.6.2 基本类型的分类及特点

表 3.1 所列为 C 语言的基本类型分类及特点。

表 3.1 C 语言的基本类型分类及特点

类型	类型说明符	字节	数值范围
字符型	char	1	C 字符集
基本整型	int	2	-32768~32767
短整型	short int	2	-32768~32767
长整型	long int	4	-214783648~214783647
无符号型	unsigned	2	0~65535
无符号长整型	unsigned long	4	0~4294967295
单精度实型	float	4	3/4E-38~3/4E+38
双精度实型	double	8	1/7E-308~1/7E+308

3.6.3 常量后缀

L 或 l	长整型
U 或 u	无符号数
F 或 f	浮点数

3.6.4 常量类型

常量类型有整数,长整数,无符号数,浮点数,字符,字符串,符号常数,转义字符。

3.6.5 数据类型转换

自动转换:在不同类型数据的混合运算中,由系统自动实现转换,由少字节类型向多字节类型转换。不同类型的量相互赋值时也由系统自动进行转换,把赋值号右边的类型转换为左边的类型。

强制转换:由强制转换运算符完成。

3.6.6 运算符优先级和结合性

一般而言,单目运算符优先级较高,赋值运算符优先级低。算术运算符优先级较高,关系和逻辑运算符优先级较低。多数运算符具有左结合性,单目运算符、三目运算符、赋值运算符具有右结合性。

3.6.7 表达式

表达式是由运算符连接常量、变量、函数所组成的式子。每个表达式都有一个值和类型。表达式求值按运算符的优先级和结合性所规定的顺序进行。

习题

3.1 将下列数学表达式写成 C 语言算术表达式

(1) $\dfrac{a+b}{a-b}$ (2) $\sqrt{|2xy-a|}$ (3) e^{2xy} (4) $\log_2(x+y)$

(5) $1+\dfrac{13.6-\dfrac{3.45}{24*5}}{45.3}$ (6) $\ln\sqrt{1+x}$ (7) $\sin(30^\circ+2k\pi)$

(8) $\arctan(e^x+\pi)$

3.2 选择题

(1)以下是不合法的 C 语言的赋值语句为(   )。

    A.++a;   B.n=(m=(p=0));

    C.a=b==c;   D.k=a+b=1;

(2)若有以下定义,则表达式值为 3 的是(　　)。

　　int　k=7,x=12;

　　A.x%=(k%=5)　B.x%=(k-k%5)

　　C.x%=k-k%5　　D.(x%=k)-(k%=5)

(3)在以下一组运算符中,优先级最高的是(　　)。

　　A.<=　　　　　　B.= =

　　C.%　　　　　　D.&&

(4)表达式 17%4 /8 的值为(　　)。

　　A.0　　　　　　B.1

　　C.2　　　　　　D.3

(5)以下叙述中正确的是(　　)。

　　A.a 是实型变量,C 允许进行以下赋值 a=10,因此可以这样说:实型变量中允许存放整型值

　　B.在赋值表达式中,赋值号左边既可以是变量也可以是任意表达式

　　C.执行表达式 a=b 后,在内存中 a 和 b 存储单元中的原有值都将被改变,a 的值已由原值改变为 b 的值,b 的值由原值变为 0

　　D.有 a=3,b=5。当执行了表达式 a=b,b=a 之后,使 a 中的值为 5,b 中的值为 3

(6)C 语言中运算对象必须是整型的运算符是(　　)。

　　A.%　　　　　　B./

　　C.!　　　　　　D. * *

(7)若 a,b,c,d 都是 int 类型变量且初值为 0,以下选项中不正确的赋值语句是(　　)。

　　A.a=b=c=100; B.d++;

　　C.c+b;　　　　D.d=(c=22)-(b++)

(8)下面关于运算符优先顺序的描述中正确的是(　　)。

　　A.关系运算符< 算术运算符< 赋值运算符< 逻辑与运算符

　　B.逻辑运算符< 关系运算符< 算术运算符< 赋值运算符

　　C.赋值运算符< 逻辑与运算符< 关系运算符< 算术运算符

　　D.算术运算符< 关系运算符< 赋值运算符< 逻辑与运算符

(9)设 n=3;则 n++的结果是(　　)。

　　A. 2　　　　　　B.3

　　C. 4　　　　　　D. 5

10.已知 int i,a;执行语句"i=(a=2*3,a*5),a+6;"后,变量 a 的值是

( )。

A.6   B.12

C.30   D.36

3.3 填空题

(1)若有以下定义语句：int a = 5；printf("%d\n",a++)；则输出结果是_____。

(2)设 x 为 int 型变量,执行以下语句,x = 10；x += x -= x−x；x 的值为_____。

(3)若有定义 int a=10,b=9,c=8；接着顺序执行下列语句后,变量 b 的值为_____。

c=(a−=b−5)；

c=(a%11)+(b=3)；

(4)C 标准库函数中,数学函数的原型在：_____头文件中,自定义头文件 D :\ MYC \ MY . H 应如何包含到源程序文件中：_____。

(5)若 a 是 int 类型变量,则计算表达式 a = 25/3% 3 后 a 的值是_____。

(6)表达式 8/4 * (int)2.5/(int)(1.25 * (3.7+2.3))的值的数据类型为_____。

(7)写出算术表达式 $\dfrac{-b+\sqrt{b^2-4ac}}{2a}$ 在计算机中的正确计算形式为_____。

(8)若有说明语句：char c = '\72'，则变量 c 包含_____个字符。

(9)设 x 和 y 均为 int 型变量,且 x = 1,y = 2,则表达式 1.0+x/y 的值为_____。

(10)语句 x++；,++x；,x=x+1；和 x = 1+x；执行后都使变量 x 的值增1,请写出一条同一功能的赋值语句(不得与列举相同)_____。

3.4 阅读程序

(1)写出程序运行结果。

```
#include<stdio.h>
#include<math.h>
int main( )
    {
```

```
int a=1,b=4,c=2;
float x=10.5,y=4.0,z;
z=(a+b)/c+sqrt((double)y)*1.2/c+x;
printf("%f\n",z);
return 0;
    }
```

(2)写出程序运行结果。

```
int main( )
{
    int i=29,j=6,k=2,s;
    s=i+i/j%k-9;
    printf("s=%d\n",s);
    return 0;
}
```

(3)写出程序运行结果。

```
#include   <stdio.h>
int main( )
{
  int   a = 5, b = 4, x, y;
  x = 2 * a++ ;
  printf("a=%d, x=%d\n", a, x);
  y = --b * 2 ;
  printf("b=%d, y=%d\n", b, y);
  return 0;
}
```

3.5　编写程序

(1)输入三个双精度实数,分别求出它们的和、平均值、平方和以及平方和的开方。

(2)已经铁的密度是 $7.86g/cm^3$,金的密度是 $19.3g/cm^3$ 。请写出几个简单程序,分别计算出直径 100mm 和 150mm 的铁球与金球的重量。

(3)输入一个华氏温度,要求输出对应的摄氏温度,计算公式为 $c = \dfrac{5}{9}(F-32)$,其中 F 为华氏温度, c 为摄氏温度。

(4)编程将角的度数由角度转换为弧度制表示。

(5)编程已知一个三角形的两边长及其夹角的度数,利用正弦定理求这个三角形的面积。

(6)写出程序计算方程 $3x^2 + 6x - 2 = 0$ 的两个根。

4 数据的输入与输出

4.1 C 语句概述

C 语言的语句用来向计算机系统发出操作指令。一个语句经过编译后产生若干条机器指令。实际程序包含若干条语句。语句都是用来完成一定操作任务的。声明部分的内容不应当称为语句。函数包含声明部分和执行部分,执行部分由语句组成。

C 程序结构:一个 C 程序可以由若干个源程序文件组成,一个源文件可以由若干个函数和预处理命令以及全局变量声明部分组成,一个函数由数据定义部分和执行语句组成。程序包括数据描述(由声明部分来实现)和数据操作(由语句来实现)。数据描述主要定义数据结构(用数据类型表示)和数据初值。数据操作的任务是对已提供的数据进行加工,见图 4-1。

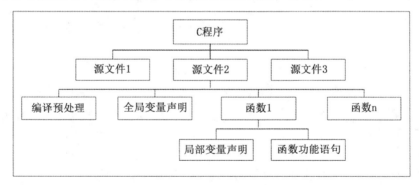

图 4-1 c 语言的程序结构

C 程序的执行部分是由语句组成的。程序的功能也是由执行语句实现的。C 语句可分为以下五类:①表达式语句;②函数调用语句;③控制语句;④复合语句;⑤空语句。

4.1.1 表达式语句

表达式语句是用表达式构成语句,表示一个运算或操作。在表达式最后加上一个";"组成。一个表达式语句必须在最后出现分号,分号是表达式语句不可缺少的一部分。C 程序中大多数语句是表达式语句(包括函数调用语句)。

表达式语句的一般形式见表 4.1。

表 4.1 C 表达式语句

表达式	表达式语句	说 明
a=3(赋值表达式)	a=3;(赋值语句)	
getch()(函数调用–表达式) 函数调用也属于表达式	getch(); (函数调用语句)	getch();合法且有意义,只关心是否有击键,不关心具体的值
i++(自增表达式)	i++; (一般表达式语句)	
ch=getch()(函数调用表达式,赋值表达式)	ch=getch(); (一般表达式语句)	
x+y(算术表达式)	x+y;(一般表达式语句)	x+y;是一个语句,其作用是完成 x+y 操作,是合法的,但是并不将结果赋给另外的变量,所以并无实际意义

表达式语句常见的形式可以有:赋值语句、函数调用语句、空语句。

4.1.1.1 赋值语句

由赋值表达式加上一个分号构成赋值语句。

C 语言的赋值语句先计算赋值运算符右边的子表达式的值,然后将此值赋值给赋值运算符左边的变量。C 语言的赋值语句具有其他高级语言的赋值语句的一切特点和功能。

4.1.1.2 函数调用语句

由函数调用表达式加一个分号构成函数调用语句。

例如:printf("This is a C statement.");

4.1.1.3 空语句

只有一个分号的语句什么也不做(表示这里可以有一个语句,但是目前不需要做任何工作)。

例如:

(1)空循环 100 次,可能表示一个延时,也可能表示目前还不必在循环体中做什么事情。

for(i=0;i<100;i++); /* 循环结构要求循环体,但目前什么工作都不要

做(表示循环体) */

(2)如果条件满足什么都不做,否则完成某些工作(;表示 if 块,什么都不做)。

```
if( )
    ;
else
{
    ……
}
```

4.1.2   复合语句

用{}把一些语句(语句序列,表示一系列工作)括起来成为复合语句,又称语句块、分程序。

一般情况凡是允许出现语句的地方都允许使用复合语句。在程序结构上复合语句被看作一个整体的语句,但是内部可能完成了一系列工作。

注意:C 语言允许一行写几个语句,也允许一个语句拆开写在几行上,书写格式无固定要求。一般将彼此关联的,或表示一个整体的一组较短的语句写在一行上。

4.1.3   赋值语句

(1)赋值语句是由赋值表达式再加上分号构成的表达式语句,其一般形式为

变量=表达式;

赋值语句的功能和特点都与赋值表达式相同。它是程序中使用最多的语句之一。

由于在赋值符" = "右边的表达式也可以又是一个赋值表达式,变量=(变量=表达式);是成立的,从而形成嵌套的情形,其展开之后的一般形式为:变量=变量=…=表达式;

例如:

a=b=c=d=e=5;

按照赋值运算符的右结合性,因此实际上等效于:

e=5; d=e;

c=d;

b=c;

a=b;

(2)注意在变量说明中给变量赋初值和赋值语句的区别。

给变量赋初值是变量说明的一部分,赋初值后的变量与其后的其他同类变量之间仍必须用逗号间隔,而赋值语句则必须用分号结尾。

例如:

int a=5,b,c;

(3)在变量说明中,不允许连续给多个变量赋初值。

如下述说明是错误的:

int a=b=c=5

必须写为

int a=5,b=5,c=5;

而赋值语句允许连续赋值。

(4)注意赋值表达式和赋值语句的区别。

赋值表达式是一种表达式,它可以出现在任何允许表达式出现的地方,而赋值语句则不能。

下述语句是合法的:

if((x=y+5)>0) z=x;

语句的功能是,若表达式 x=y+5 大于 0 则 z=x。

下述语句是非法的:

if((x=y+5;)>0) z=x;

因为 x=y+5;是语句,不能出现在表达式中。

4.2 数据输入与输出

4.2.1 输入输出的概念

(1)计算机由主机(CPU、内存)、外围设备(输入/输出设备)、接口组成,见图4-2。

(2)输入/输出:从计算机向外部设备(如显示器、打印机、磁盘等)输出数据称为"输出",从外部设备(如键盘、鼠标、扫描仪、光盘、磁盘)向计算机输入数据称为"输入"。输入/输出是以计算机主机为主体而言的。

(3)C 语言本身不提供输入/输出语句,输入/输出操作由函数实现。在 C 标准函数库中提供了一些输入/输出函数,如 printf 函数、scanf 函数。不要将两者看作是输入/输出语句。实际上完全可以不用这两个函数,而另外编制输

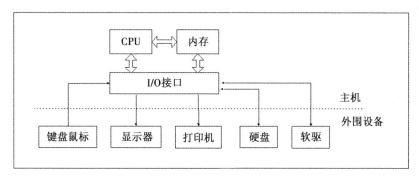

图 4-2 计算机系统

入/输出函数。

C 编译系统与 C 函数库是分别设计的,因此不同的计算机系统所提供函数的数量、名字、功能不完全相同。但是,有些通用的函数各种计算机系统都提供,成为各种计算机系统的标准函数。

C 函数库中有一批"标准输入/输出函数",它是以标准的输入/输出设备(一般为终端)为输入/输出对象的。其中有:putchar(输出字符)、getchar(输入字符)、printf(格式化输出)、scanf(格式化输入)、puts(输出字符串)、gets(输入字符串)。

(4)在使用 C 库函数时,要用预编译命令"#include"将有关的"头文件"包含到用户源文件中。头文件包含库中函数说明、定义的常量等。每个库一般都有相应的头文件。

比如 printf 等函数属于标准输入/输出库,对应的头文件是 stdio.h。也就是说如果要使用 printf 等函数,应当在程序的开头#include <stdio.h>。又如计算绝对值的 fabs 函数属于数学库,对应的头文件是 math.h,如果要使用 fabs 函数,那么应当在程序的开头#include <math.h>。

注意:

①函数说明检查函数调用,进行数据类型转换,并产生正确的调用格式。许多编译系统强制要求函数说明(函数原型声明),否则编译不成功。

②Turbo C 中可以用^F1 查看一个函数的说明(包含属于哪个头文件)。

4.2.2 单字符数据输入/输出函数

4.2.2.1 putchar 函数(字符输出函数)

一般形式:putchar(字符表达式);

功能:向终端(显示器)输出一个字符(可以是可显示的字符,也可以是控制字符或其他转义字符）。

例如：

putchar('y')； putchar('\n')； putchar('\101')； putchar('\')；

要求要使用#include <stdio.h>

4.2.2.2   getchar 函数（字符输入函数）

一般形式：c＝getchar( )；

功能：从终端（键盘）输入一个字符，以回车键确认。函数的返回值就是输入的字符。

```
#include<stdio.h>
int main( void )
{
    char c;
    c=getchar( );
    putchar( c ); return 0;
}
#include<stdio.h>
int main( void )
{
    putchar( getchar( ) );return 0;
}
```

4.3   格式输入/输出

4.3.1   printf 函数

功能：按照用户指定的格式，向系统隐含的输出设备（终端）输出若干个任意类型的数据。

4.3.1.1   printf 函数的一般格式

例如：printf(格式控制字符串,输出表列)

函数参数包括两部分：

(1)"格式控制"字符串是用双引号括起来的字符串，也称"转换控制字符串"，它指定输出数据项的类型和格式，它包括两种信息：

①格式说明项：由"%"和格式字符组成，如%d,%f 等。格式说明总是由"%"字符开始，到格式字符终止。它的作用是将输出的数据项转换为指定的

格式输出。输出表列中的每个数据项对应一个格式说明项。

②文本字符:即需要原样输出的字符。例子中的逗号和换行符。

(2)"输出列表"是需要输出的一些数据项,可以是表达式。

例如:假如 a=3,b=4,那么 printf("a=%d b=%d",a,b);输出 a=3 b=4。其中两个"%d"是格式说明,表示输出两个整数,分别对应变量 a,b,"a=","b="是文本字符,原样输出。

由于 printf 是函数,因此"格式控制"字符串和"输出表列"实际上都是函数的参数。printf 函数的一般形式可以表示为:

printf(参数 1、参数 2、参数 3、…、参数 n)

printf 函数的功能是将参数 2-参数 n 按照参数 1 给定的格式输出。

4.3.1.2　格式字符(构成格式说明项)

对于不同类型的数据项应当使用不同的格式字符构成的格式说明项。常用的有以下几种格式字符(按不同类型数据,列出各种格式字符的常用用法):

(1)d 格式符。用来输出十进制整数。有以下几种用法:

①d,按照数据的实际长度输出。

②md,m 指定输出字段的宽度(整数)。如果数据的位数小于 m,则左端补以空格(右对齐),若大于 m,则按照实际位数输出。

③-md,m 指定输出字段的宽度(整数)。如果数据的位数小于 m,则右端补以空格(左对齐),若大于 m,则按照实际位数输出。

④ld,输出长整型数据,也可以指定宽度%mld。

(2)o 格式符。以八进制形式输出整数。注意是将内存单元中的各位的值按八进制形式输出,输出的数据不带符号,即将符号位也一起作为八进制的一部分输出。

int a=-1;

printf("%d,%o,%x",a,a,a);

-1 的原码:1000,0000,0000,0001。

-1 在内存中的补码表示为:

1111,1111,1111,1111=1,111,111,111,111,111=1,7,7,7,7,7=ffff

输出:-1,177777,ffff

-1 是十进制,177777 是八进制,ffff 是十六进制。

(3)x 格式符。以十六进制形式输出整数。与 o 格式一样,不出现负号。

(4)u 格式符。用来输出 unsigned 无符号型数据,即无符号数,以十进制形式输出。一个有符号整数可以用%u 形式输出,反之,一个 unsigned 型数据也可以用%d 格式输出。

(5)c 格式符。用来输出一个字符。一个整数只要它的值在 0~255 范围内,也可以用字符形式输出。反之,一个字符数据也可以用整数形式输出。

```
#include <stdio.h>
int main( )
{
    char c = ´a´;
    int i = 97;
    printf("%c,%d\n",c,c);
    printf("%c,%d\n",i,i); return 0;
}
```

运行结果:

a,97

a,97

也可以指定字段宽度,%mc,m-整数。

(6)s 格式符。用来输出一个字符串。有几种用法:

①%s,输出字符串。

②%ms,输出的字符串占 m 列,如果字符串长度大于 m,则字符串全部输出;若字符串长度小于 m,则左补空格(右对齐)。

③%-ms,输出的字符串占 m 列,如果字符串长度大于 m,则字符串全部输出;若字符串长度小于 m,则右补空格(左对齐)。

④%m.ns,输出占 m 列,但只取字符串左端 n 个字符,左补空白(右对齐)。

⑤%-m.ns,输出占 m 列,但只取字符串左端 n 个字符,右补空白(左对齐)。

(7)f 格式符。用来输出实数(包括单、双精度,单双精度格式符相同),以小数形式输出。有以下几种用法:

①%f,不指定宽度,使整数部分全部输出,并输出 6 位小数。注意,并非全部数字都是有效数字,单精度实数的有效位数一般为 7 位(双精度 16 位)。

②%m.nf,指定数据占 m 列,其中有 n 位小数。如果数值长度小于 m,左端补空格(右对齐)。

③%-m.nf,指定数据占 m 列,其中有 n 位小数。如果数值长度小于 m,右端补空格(左对齐)。

(8)e 格式符,以指数形式输出实数。可用以下形式:

①%e,不指定输出数据所占的宽度和小数位数,由系统自动指定,如 6 位小数,指数占 5 位-e 占 1 位,指数符号占 1 位,指数占 3 位。数值按照规格化指数形式输出(小数点前必须有而且只有 1 位非 0 数字)。

例如:1.234567e+002。(双精度)

②%m.ne 和%-m.ne,m 总的宽度,n 小数位数。

```
#include <stdio.h>
int main( )
{
    float f=123.0;
    printf("%f,%e,%g\n",f,f,f); return 0;
}
```

123.000000,1.23000e+02,123

(9)g 格式符,用来输出实数,它根据数值的大小,自动选 f 格式或 e 格式(选择输出时占宽度较小的一种),且不输出无意义的 0(小数末尾 0)。

以上介绍的 9 种格式符,归纳见表 4.2。

表 4.2　常见格式控制符

格式字符/标志	意　义
d	以十进制形式输出带符号整数(正数不输出符号)
o	以八进制形式输出无符号整数(不输出前缀 0)
x,X	以十六进制形式输出无符号整数(不输出前缀 0x)
u	以十进制形式输出无符号整数
f	以小数形式输出单、双精度实数
e,E	以指数形式输出单、双精度实数
g,G	以%f 或%e 中较短的输出宽度输出单、双精度实数
c	输出单个字符
s	输出字符串
–	结果左对齐,右边填空格
+	输出符号(正号或负号)
空格	输出值为正时冠以空格,为负时冠以负号
#	对 c,s,d,u 类无影响;对 o 类,在输出时加前缀 o;对 x 类,在输出时加前缀 0x;对 e,g,f 类当结果有小数时才给出小数点

4.3.1.3 使用 printf 函数的几点说明

(1)除了 X,E,G 外,其他格式字符必须用小写字母。如%d 不能写成%D。

(2)可以在"格式控制"字符串中包含转义字符。如"…\n…"

(3)格式符以%开头,以上述 9 个格式字符结束。中间可以插入附加格式字符。

(4)如果想输出字符%,则应当在"格式控制"字符串中用两个%表示。

(5)格式控制符的个数与要输出数据的个数要一致。格式符多于数据,系统要报错,格式符少于要输出数据,则没有格式符对应的数据无法输出。

(6)格式控制符的格式说明符要与输出数据的数据类型想一致,否则运行出错。

(7)格式控制符仅能对数据输出格式加以控制说明,不会改变输出数据本身的内容。

4.3.2 scanf 函数

4.3.2.1 scanf 函数的一般格式

scanf(格式控制字符串,地址列表)。

其中:

(1)格式控制字符串的含义与 printf 类似,它指定输入数据项的类型和格式。

(2)地址列表是由若干个地址组成的列表,可以是变量的地址(& 变量名)或字符串的首地址。

例如,用 scanf 函数输入数据。

```
main( )
{
    int a,b,c;
    scanf("%d%d%d",&a,&b,&c);
    printf("%d,%d,%d\n",a,b,c);
}
```

· & 是地址运算符,&a 指变量 a 的地址。scanf 的作用是将键盘输入的数据保存到 &a,&b,&c 为地址的存储单元中,该存储单元由变量 a,b,c 来代表引用。

· %d%d%d 表示要求输入 3 个十进制整数。输入数据时,在两个数据之间以一个或多个空格分隔,也可以用回车键,跳格键(tab)分隔。这种格式不能用逗号分隔数据。

例如,合法的输入:

·3　4　　　5

·3

　　4 5

·3(按 tab 键)4

　　5

非法的输入:3,4,5

4.3.2.2　格式说明

与 printf 函数中的格式说明相似,以%开始,以一个格式字符结束,中间可以插入附加字符。

说明:

(1)对 unsigned 型变量所需的数据,可以用%u,%d 或%o,%x 格式输入。

(2)可以指定输入数据所占列数,系统自动按它截取所需数据。

例如:

int i1,i2;

char c;

scanf("%3d%3c%3d",&i1,&c,&i2);

输入:123---456 后,i1=123,i2=456,c=´-´

(3)如果%后有"*"附加格式说明符,表示跳过它指定的列数,这些列不赋值给任何变量。

例如:

scanf("%3d% * 3c%2d",&i1,&i2);

输入:123456789 后,i1=123,i2=78,(456 被跳过)

在利用现有的一批数据,有时不需要其中某些数据,可以用此方法"跳过"它们。

(4)输入数据时可以指定数据字段的宽度,不能规定数据的精度。

例如:scanf("%7.2f",&a);是不合法的。不能指望使用这种形式通过输入 1234567 获得 a=12345.67。

4.3.2.3　使用 scanf 函数应当注意的问题

(1)scanf 函数中"格式控制"后面应当是变量地址,而不应是变量名。

例如:scanf("%d,%d",a,b);不合法。(原因:该函数要求参数为地址)

(2)如果在"格式控制"字符串中除了格式说明以外还有其他字符,则在输入数据时在对应位置应当输入与这些字符相同的字符。建议不要使用其他的字符。

例 4-1:scanf("%d,%d,%d",&a,&b,&c);应当输入 3,4,5;不能输入 3 4 5。

例 4-2:scanf("%d:%d:%d",&h,&m,&s);应当输入 12:23:36

例 4-3:scanf("a=%d,b=%d,c=%d",&a,&b,&c);应当输入 a=12,b=24,c=36(太罗嗦)

(3)在用"%c"格式输入字符时,空格字符和转义字符都作为有效字符输入。%c 只要求读入一个字符,后面不需要用空格作为两个字符的间隔。

对于 scanf("%c%c%c",&c1,&c2,&c3);

输入:abc<CR>后,c1=´a´,c2=´´,c3=´b´

```
int a,b,c;
scanf("%d%d%d",&a,&b,&c);
```

输入:12　34（tab)567<CR>后,a=12,b=34,c=567

(4)在输入数据时,遇到下面任何一种情况时,则认为一个数据输入结束:

①遇到空格,或按"回车"或"跳格"(tab)键。

②按指定的宽度结束。

③遇到非法的输入,这点很重要。

```
float a,c;　char b;
scanf("%d%c%f",&a,&b,&c);
```

输入:1234a123o.26<CR>后,a=1234.0,b=´a´,c=123.0(而不是希望的 1230.26)

C 语言的格式输入输出的规定比较烦琐,重点掌握最常用的一些规则和规律即可,其他部分可在需要时随时查阅。

习题

4.1　选择填空

(1)设有类型说明 unsigned　int a=65535,按%d 格式输出的 a 的值,结果为(　　)。

A.65535　　　　　　B.-1

C.1　　　　　　　　D.-32768

(2)以下叙述中正确的是(　　)。

A.输入项可以是一个实型常量,如 scanf("%f",3.5);

B.只有格式控制,没有输入项也能正确输入数据到内存,如 scanf("a=%d,b=%d");

C.当输入一个实型数据时,格式控制部分不可以规定小数位数,如 scanf("%4.2f",&f);

D.当输入数据时,必须指明变量地址,如 scanf("%f",&f)。

(3)已知字符'b'的 ASCII 码为 98,语句 printf("%d,%c",'b','b'+1);的输出结果为(　　)。

A.98,b　　　　　　B.语法不合法

C.98,99　　　　　　D.98,c

(4)若变量 a,i 已正确定义,且 i 以正确赋值,下列语句合法的是(　　)。

A.a= =1　　　　　　B.++i;

C.a=a++=5;　　　　D.a=int(i)

(5)已有如下定义和输入语句,如要求 a1,a2,c1,c2 的值分别为 10,20,M 和 N,当从第一列开始输入数据时,正确的数据输入方式是(　　)。

int a1,a2;char c1,c2;

scanf("%d%c%d%c",&a1,&c1,&a2,&c2);

A.10M 20N<CR>　　B.10 M 20 N<CR>

C.10 M20N<CR>　　D.10M20 N<CR>

(6)以下程序段的输出是(　　)。

int x=496;

printf(" * %-06d * \n",x);

A. * 496　　 *　　　　B. *　　496　　*

C. * 000496　 *　　　D.输出格式符不合法

(7)以下叙述中正确的是(　　)。

A.用 C 程序实现的算法必须要有输入和输出操作

B.用 C 程序实现的算法可以没有输出但必须要输入

C.用 C 程序实现的算法可以没有输入但必须要有输出

D.用 C 程序实现的算法可以既没有输入也没有输出

(8)有以下程序:

```
int  main( )
{
  int m,n,p;
```

```
scanf("m=%dn=%dp=%d",&m,&n,&p);
printf("%d%d%d\n",m,n,p);
return 0;
}
```

若想从键盘上输入数据,使变量 m 中的值为 123,n 中的值为 456,p 中的值为 789,则正确的输入是(　　)。

A.m=123n=456p=789　　　　　　B.m=123 n=456 p=789

C.m=123,n=456,p=789　　　　　　D.123 456 789

(9)若变量已正确说明为 float 型,要通过语句 scanf("%f%f%f",&a,&b,&c);给 a 赋予 10.0,b 赋予 22.0,c 赋予 33.0,下列不正确的输入形式是(　　)。

A.10<回车>22<回车>33<回车>　B.10.0,22.0,33.0<回车>

C.10.0<回车>22.033.0<回车>　　D.10　22<回车>33<回车>

(10)若变量已正确说明为 int 类型,要给 a,b,c 输入数据,以下正确的输入语句是(　　)。

A.read (a,b,c);

B.scanf("%d%d%d",a,b,c);

C.scanf("%D%D%D",%a,%b,%c);

D.scanf("%d%d%d",&a,&b,&b);

4.2　填空题

(1)复合语句在语法上被认为是 _____,空语句的形式是 _____。

(2)"%-ms"表示如果串长 _____ m,则在 m 列范围内,字符串向 _____ 靠,_____ 补空格。

(3)putchar 函数的作用是 _____,getchar 函数的作用是 _____。

(4)语句"printf("%x,%o",16,12);"的输出结果是 _____。

(5)若有以下程序段:

```
int a=1234;
printf("%2d\n",a);
```

则输出函数的输出结果是 _____。

(6)已知字符 A 的 ASCII 代码值为 65,以下程序运行时若从键盘输入:B33<回车>,则输出结果是 _____。

```
#include <stdio.h>
int main( )
{
    char a,b;
    a=getchar( );
    scanf("%d",&b);
    a=a-'A'+'0';
    b=b*2;
    printf("%c %c\n",a,b);
    return 0;
}
```

(7)有如下程序片段：

```
#include   <stdio.h>
int main( )
{
    int  a = 5, b = 4, x, y;
    x = 2 * a++;
    printf("a=%d, x=%d\n", a, x);
    y = --b * 2;
    printf("b=%d, y=%d\n", b, y);
    return 0 ;
}
```

执行结果是＿＿＿＿＿＿。

(8)有下列程序段：

```
#include <stdio.h>
int main( )
{   int  x, y ;
    scanf("%2d% *2s%2d", &x, &y);
    printf("%d", x*y);
    return 0 ;
}
```

程序执行时从键盘输入：12341234↙

运行结果是＿＿＿＿＿＿。

(9)有下列程序代码，若 z 的值输出为 16.00，则 x 的初始化值可以为

_____。

```
include <stdio.h>
int main( )
{    int a=9,b=2;
     float x=_____,y=1.1,z;
     z=a/2+b*x/y+1/2;
     printf("%5.2f\n",z);
     return 0;
}
```

（10）下面代码的输出结果是_____。

```
double   a=513.789215;
printf("a=%8.6f,a=%8.2f,a=%14.8f,a=%14.8f\n",a,a,a,a);
```

4.3 编写程序

（1）从键盘任意输入一个 4 位数 x，编程计算 x 的每一位数字相加之和（忽略整数前的正负号）并用适当的格式输出结果。例如，输入 x 为 1234，则由 1234 分离出其千位 1、百位 2、十位 3、个位 4，然后计算 1+2+3+4＝10，输出形式可以为"四位数字 1234 的各个数位上的数字之和为 10"。

（2）请试一试所用的 C 语言系统能否输出中文。如果可以，请写几个能输出中文文本的程序，比如为 scanf 函数输入数据的提示，输出结果的提示，或是输出诸如李白的"望庐山瀑布"等脍炙人口的古诗。

（3）设圆的半径为 $r=1.45$，圆柱的高为 $h=3.2$，编写程序计算圆的周长、圆的面积、圆球表面积、圆球的体积和圆柱的体积。用 scanf 输入数据，输出计算结果。输出时要求有输出结果的提示，并保留两位小数。

（4）要将英文单词"China"译成密码，密码的规律是：用原来的字母后面第 4 个字母代替原来的字母。比如"China"应以为"Glmre"。请编写程序，用输入函数分别使 c1,c2,c3,c4,c5 五个字符变量的值分别为'C''h''i''n''a'。经过运算，使五个字符变量分别变为'G''l''m''r''e'，并输出结果。

5　结构化程序设计

5.1　简介

在编写程序解决实际问题之前,全面地理解问题并仔细规划方法来解决问题,是至关重要的,为此我们要讨论一下有助于结构化程序设计的技术。

5.2　算法

在任何计算问题的解决方案中,都包括有按照特定顺序去执行一系列动作,其中解决问题的过程称为算法。算法确定:①执行的动作;②动作执行的顺序。

5.2.1　伪码

伪码是一种人为的非正式语言,它可以帮助程序员开发算法。我们在这里介绍的伪码对于开发算法是非常有用的,而且这些算法将被转换为结构化C程序。伪码与日常用语非常类似,尽管它不是一种实际的计算机程序设计语言,但它非常方便,并具有用户友好的特点。

伪码不能在计算机上实际执行。它仅仅是帮助程序员在使用像C这样的程序设计语言编写程序之前"设想出"程序。伪码纯粹由字符组成,所以程序员可以非常方便地使用编辑器把伪码程序输入到计算机中。计算机能够根据需要显示或输出伪码程序的最新副本。经过仔细设计的伪码可以非常容易的转换为相应的C程序。伪码只由动作语句组成。

下面的例子说明了动作执行的顺序非常重要。

例5-1:把大象装冰箱里算法。

S1:打开冰箱门;

S2:把大象装冰箱里;

S3:关闭冰箱门。

以上顺序一旦稍有调整,则该工作不能完成。在计算机程序中指定语句执行的顺序称为程序控制。

例5-2:有50个学生,要求将他们之中成绩在80分以上者打印出来。

如果,n 表示学生学号,n_i 表示第 i 个学生学号;g 表示学生成绩,g_i 表示第 i 个学生成绩,则算法可表示如下:

S1:$1 \rightarrow i$

S2:如果 $g_i \geqslant 80$,则打印 n_i 和 g_i,否则不打印

S3:$i+1 \rightarrow i$

S4:若 $i \leqslant 50$, 返回 S2,否则,结束。

5.2.2　算法流程图表述

流程图表示算法,直观形象,易于理解,见图5-1。

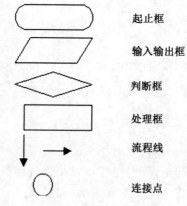

起止框

输入输出框

判断框

处理框

流程线

连接点

图 5-1　流程图元素

例5-3:求5!的算法用流程图表示,见图5-2。

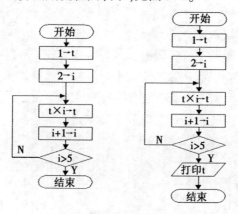

图 5-2　求 n! 的流程图

例 5-4:将例 5-2 的算法用流程图表示,见图 5-3。

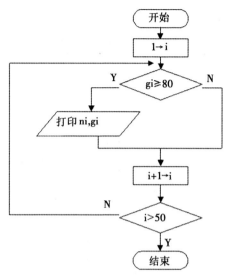

图 5-3 求例 5-2 的流程图

5.2.3 三种基本结构和改进的流程图

(1)顺序结构见图 5-4。

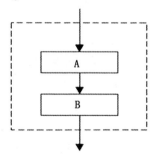

图 5-4 顺序结构流程图

(2)选择结构见图 5-5。

(3)循环结构见图 5-6。

三种基本结构的共同特点:

· 只有一个入口;

· 只有一个出口;

· 结构内的每一部分都有机会被执行到;

· 结构内不存在"死循环"。

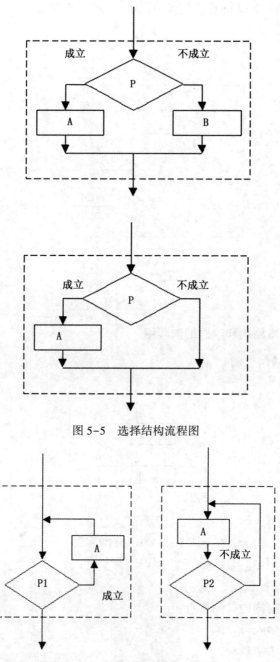

图 5-5　选择结构流程图

图 5-6　循环结构流程图

图 5-7 为改进后的综合流程图。

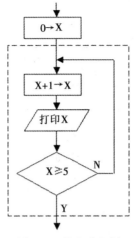

图 5-7 综合流程图

5.2.4 用 N-S 流程图表示算法

1973 年美国学者提出了一种新型流程图,即 N-S 流程图。

(1)顺序结构见图 5-8。

图 5-8 顺序结构

(2)选择结构见图 5-9。

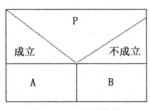

图 5-9 选择结构

(3)循环结构见图 5-10。

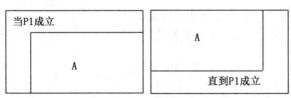

图 5-10 循环结构

图 5-11 为综合结构。

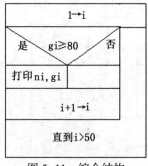

图 5-11　综合结构

习题

5.1　分析下列题目,写出利用计算机计算的步骤或伪代码。

(1)写出利用海伦公式求三角形面积的过程。海伦公式为: $S = \sqrt{p \times (p - a) \times (p - b) \times (p - c)}$
其中,S 是三角形的面积,a, b, c 分别为三角形的三个边的边长,p 为三角形周长的一半。

(2)利用键盘输入的方式输入三角形的三个边的边长,判断输入数据的合法性,当输入的数据不能构成三角形时,给予出错提示,并重新输入数据,重做第(1)题。

(3)写出判断一个年份为闰年的计算方法。

(4)写出求一元二次方程 $ax^2 + bx + c = 0$ 的所有情况下的解的算法。

(5)设计算法,依次输入 10 个数,找出其中最小数。

(6)写出求 1 到 100 连续的 100 个整数的和的算法。

(7)输入一串字符,写出算法统计其中字母的个数、数字的个数和空格的个数。字符输入以"#"作为结束。

(8)写出输入一个整数,直到该整数为非负数时结束的算法。

(9)写出判断一个整数为素数的算法。

(10)设计算法,输入两个正整数 m 和 n,求它们的最大公约数和最小公倍数。

5.2　画流程图

将上面的题目尝试用传统流程图或 N–S 流程图来表示其算法。

6 程序控制

6.1 关系运算

关系运算是逻辑运算中比较简单的一种,"关系运算"就是"比较运算"。即,将两个值进行比较,判断是否符合或满足给定的条件。如果符合或满足给定的条件,则称关系运算的结果为"真";如果不符合或不满足给定的条件,则称关系运算的结果为"假"。

6.1.1 关系运算符及其优先次序

在 C 语言中有以下关系运算符:

(1)< 小于

(2)<= 小于或等于

(3)> 大于

(4)>= 大于或等于

(5)= = 等于

(6)! = 不等于

关于优先次序:

(1)前 4 种关系运算符的优先级别相同,后两种也相同。前 4 种高于后两种。

(2)关系运算符的优先级低于算术运算符。

(3)关系运算符的优先级高于赋值运算符。

例 6-1:

c>a+b 等价于 c>(a+b);关系运算符的优先级低于算术运算符。

a>b= =c 等价于(a>b)= =c;">"优先级高于"= ="。

a= =b<c 等价于 a= =(b<c);"<"优先级高于"= ="。

a=b>c 等价于 a=(b>c);关系运算符的优先级高于赋值运算符。

6.1.2 关系表达式

用关系运算符将两个表达式(算术、关系、逻辑、赋值表达式等)连接起来所构成的表达式,称为关系表达式。

关系表达式的值是一个逻辑值,即"真"或"假"。C 语言没有逻辑型数据,以 1 代表"真",以 0 代表"假"。

假如 a=3,b=2,c=1,则:

关系表达式"a>b"的值为"真",即表达式的值为:1。

关系表达式"b+c<a"的值为"假",即表达式的值为:0。

此外:

a+b>c-d   x>3/2   ´a´+1<c   -i-5*j==k+1

都是合法的关系表达式。由于表达式也可以又是关系表达式,因此也允许出现嵌套的情况。例如:

a>(b>c)

a! =(c==d)

例 6-2:

```
int main( void )
{
    char c=´k´;
    int i=1,j=2,k=3;
    float x=35.2,y=0.85;
    printf("%d,%d\n",´a´+5<c,-i-2*j>=k+1);
    printf("%d,%d\n",1<j<5,x-5.25<=x+y);
    printf("%d,%d\n",i+j+k==-2*j,k==j==i+5); return 0;
}
```

在本例中求出了各种关系运算符的值。字符变量是以它对应的 ASCII 码参与运算的。对于含多个关系运算符的表达式,如 k==j==i+5,根据运算符的左结合性,先计算 k==j,该式不成立,其值为 0,再计算 0==i+5,也不成立,故表达式值为 0。

6.2 逻辑运算

逻辑表达式:用逻辑运算符(逻辑与、逻辑或、逻辑非)将关系表达式或逻辑量连接起来构成逻辑表达式。

6.2.1 逻辑运算符及其优先顺序

C 语言提供三种逻辑运算符:

(1)&& 逻辑与(相当日常生活中:而且,并且,只在两条件同时成立时为"真")

(2)|| 逻辑或(相当日常生活中:或,两个条件只要有一个成立时即为"真")

(3)! 逻辑非(条件为真,运算后为假,条件为假,运算后为真)

"&&","||"是双目运算符,"!"是单目运算符。

例6-3:逻辑运算举例,见表6-1。

a&&b 若a,b为真,则a&&b为真。

a||b 若a,b之一为真,则a||b为真。

! a 若a为真,则! a为假,反之若a为假,则! a为真。

表 6.1 为逻辑运算的真值表

a	b	a&&b	a‖b	a	! a
真	真	真	真	真	假
真	假	假	真	假	真
假	真	假	真		
假	假	假	假		

在一个逻辑表达式中如果包含多个逻辑运算符,则按照以下的优先顺序:

(1)! (非)-&&(与)-||(或),"!"为三者中最高。

(2)逻辑运算符中的 && 和||低于关系运算符,! 高于算术运算符。

例6-4:

a>b&&x>y　　　　 等价于　　　 (a>b)&&(x>y)

a==b||x==y　　　　 等价于　　　 (a==b)||(x==y)

! a||a>b　　　　 等价于　　　 (! a)||(a>b)

6.2.2 逻辑表达式

逻辑表达式:用逻辑运算符(逻辑与、逻辑或、逻辑非)将关系表达式或逻辑量连接起来构成逻辑表达式。

逻辑表达式的值是一个逻辑量"真"或"假"。C语言编译系统在给出逻辑运算结果时,以1代表"真",以0代表"假",但在判断一个量是否为"真"时,以0代表"假",以非0代表"真"(即认为一个非0的数值是"真")。

例6-5:非0值作为逻辑值参与运算等于"真"(此时与1的作用一样)

若a=4,　　　　 则! a是0(假)。

若 a=4,b=5，　则 a&&b 是 1(真),a‖b 是 1(真),！a‖b 是 1(真)

4&&0‖2 是 1(真)

'c'(真)&&'d'(真)的运算结果是 1(真)。

从例子还可以看出:系统给出的逻辑运算结果不是 0 就是 1,不可能是其他数值。而在逻辑表达式中作为参与逻辑运算的运算对象可以是 0(作为"假")也可以是任何非 0 的数值(按"真"对待)。事实上,逻辑运算符两侧的对象不但可以是 0 和 1 或者是 0 和非 0 的整数,也可以是任何类型的数据(如字符型、实型、指针型)。

如果在一个表达式中不同位置上出现数值,应区分哪些是作为数值运算或关系运算的对象(原值),哪些是作为逻辑运算的对象(逻辑值)。

例 6-6:计算:5>3&&2‖8<4-！0（注意运算符优先级、数值所起作用-是逻辑值,原值),表达式运算的结果值是 1;

在逻辑表达式的求解中,并不是一定要求所有的逻辑运算符都被执行,只是在必须执行下一个逻辑运算符才能求出表达式的解时,才执行该运算符。我们称为逻辑运算的短路效应(或惰性计算)。

例如:

a&&b&&c,只有 a 为真,才需要判别 b 的值;只有 a、b 都为真,才需要判别 c 的值。只要 a 为假,此时整个表达式已经确定为假,就不必判别 b,c;如果 a 为真,b 为假,不判断 c。

a‖b‖c,只要 a 为真,整个表达式已经确定为真,就不必判断 b 和 c;只有 a 为假,才判断 b;a、b 都为假才判断 c。

例如:如果 a,b,c,d,m,n 分别为 1,2,3,4,1,1,分析整个表达式(m=a>b)&&(n=c>d)的结果和 m,n 的结果。由于"a>b"为假(0),所以赋值后 m 的值为 0,赋值表达式 m=a>b 也为 0。此时整个表达式的结果已经知道(0),所以不进行表达式 n=c>d 的计算,所以表达式计算机结束后, n 的值还是 1(未改变)。

掌握 C 语言的关系运算符和逻辑运算符后,可以用一个逻辑表达式来表示一个复杂的条件。

例如:判断某个同学是否是信息学院计算机 2013 级 1 班的同学。算法描述:Student 等于"信息学院" and student 等于"2013 级" and student 等于"1 班"的条件同时成立,这个同学才是要的结论;转为伪程序设计语言:student =="信息学院"&& student = ="2013 级"&& student = ="1 班" 这个结果为真,则该同学是,结果为假,则该同学不是。

6.3 选择程序控制

6.3.1 if 语句

例 6-7:求一元二次方程的解 $ax^2+bx+c=0(a,b,c$ 为常数,x 为未知数,且 $a\neq0$)。

解:按数学知识:我们知道一元二次方程的解是受相应条件制约的,是根据该条件的不同,所得到解也不同。其制约条件 b^2-4ac 的值,若 $b^2-4ac>0$ 有两个不相等的实数根;$b^2-4ac=0$ 有两个相等的实数根;$b^2-4ac<0$ 有两个共轭复数根。处理流程见图 6-1。

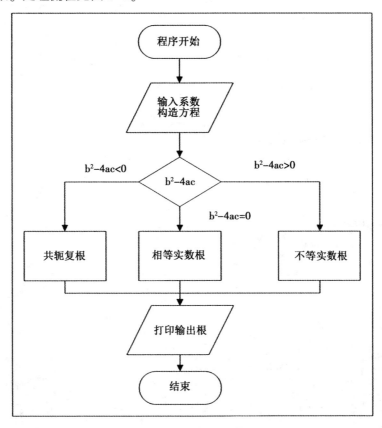

图 6-1 处理流程图

程序实现:

```
#include "stdio.h"
#include "math.h"
int main( void )
{
    float a,b,c,x1,x2,d;
    printf("请输入 a:b:c:");
    scanf("%f%f%f",&a,&b,&c);
    d=b*b-4*a*c;
    if(d < 0)
        printf("方程没有实数解。\n");
    if (d==0)// 是否可以这样表示
    {
        x1=(-b)/(2*a);
        printf("x1=%f\n",x1);
    }

    if (d>0)
    {
        x1=(-b+sqrt(d))/(2*a);
        x2=(-b-sqrt(d))/(2*a);
        printf("x1=%f,x2=%f\n",x1,x2);
    }

    return 0;
}
```

6.3.2　if 语句的多种表现形式

6.3.2.1　if(表达式)语句

例如:if (x>y)

printf("%d",x);

6.3.2.1　if (表达式) 语句 1,else 语句 2

例如:if(x>y)

printf("%d",x);

else

printf("%d",y);

图 6-2 为选择结构流程图。

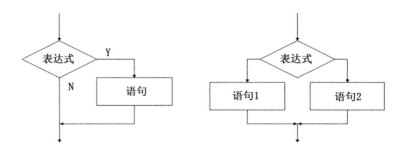

图 6-2　选择结构流程图

6.3.3.3　if 语句的嵌套

```
if(…)
    if(…)语句 1;
    else 语句 2;
else
    if(…)语句 3;
    else 语句 4;
```

if 语句的嵌套:if 语句的 if 块或 else 块中,又包含一个 if 语句。一般形式:

注意:应当注意 if 与 else 的配对关系。else 总是与它上面的最近的未配对的 if 配对。特别是 if/else 子句数目不一样时(if 子句数量只会大于或等于 else 子句数量)。

```
if(…)
    if(…)语句 1;
else
    if(…)语句 2;
    else 语句 3;
```

例如:不要希望出现下面的配对关系。但是它不符合编程者的原意。

```
if(…)
    if(…)语句 1;
else
    if(…)语句 2;
    else 语句 3;
```

可以用下面两种方法解决匹配问题:

(1)利用"空语句",使 if 子句数量与 else 子句数量相同。

```
if(…)
    if(…)语句1;
    else;
else
    if(…)语句2;
    else 语句3;
```

(2)利用{}确定配对关系。将没有 else 子句的 if 语句用{}括起来。

```
if(…)
{   if(…)语句1;}
else
    if(…)语句2;
    else 语句3;
```

说明：

(1)三种形式的 if 语句中的"表达式"可以由常量、变量、关系表达式或逻辑表达式构成，分支语句是否执行是由表达式的值来决定。需特别注意的是，C 语言中需要逻辑值的地方，只有 0 代表"假"，非 0(其他)均代表"真"。

例如:if(5)printf("%d",´yes´);- printf(…) 这条语句一定运行，因为 5 是整型常量，非 0 即"真"。再如:int x=5; if (x) printf("%d",´yes´);

(2)双分支或多分支中的 else 子句不能单独使用，必须是 if 语句的一部分，与 if 配对使用。

(3)在 if 和 else 后面可以只含一条分支语句，也可以含多个操作语句构成的语句块(复合语句)。语句块用{}括起来，语句块后面不要";"号。

例如：

```
if(a+b>c&&b+c>a&&c+a>b)
{
    s=0.5 * (a+b+c);
    area=sqrt(s * (s-a) * (s-b) * (s-c));
    printf( area);
}
else
    printf("it is not a triangle")
```

6.3.3　switch 语句

前面看到多分支任务可以使用嵌套的 if 语句处理,但如果分支较多,嵌套的 if 语句层数多,程序冗长,降低可读性。

C 语言中 switch 语句是多分支选择语句,其一般形式:

Switch (表达式)
{
　　case 常量表达式 1:语句 1
　　case 常量表达式 2:语句 2
　　…　　…　　…
　　　case 常量表达式 n:语句 n
　　　[default:　语句 n+1]
}

说明:

(1)switch 括号后面的表达式,允许为任何有序类型。

(2)当"表达式"的值与某个 case 后面的常量表达式的值相等时,就执行此 case 后面的语句。如果表达式的值与所有常量表达式都不匹配,就执行 default 后面的语句(如果没有 default 就执行跳出 switch,执行 switch 语句后面的语句)。

(3)各个常量表达式的值必须互不相同,否则出现矛盾。

(4)各个 case,default 出现的顺序不影响执行结果。

(5)执行完一个 case 后面的语句后,流程控制转移到下一个 case 中的语句继续执行。此时,"case 常量表达式"只是起到语句标号的作用,并不在此处进行条件判断。在执行一个分支后,可以使用 break 语句使流程跳出 switch 结构,即终止 switch 语句的执行(最后一个分支可以不用 break 语句)。

(6)case 后面如果有多条语句,不必用{ }括起来,这与前面看到分支结构中的复合语句有些不同。

(7)多个 case 可以共用一组执行语句。(注意 break 使用的位置)。

例 6-8:输入两个整数,按数值由小到大的交换位置次序,然后输出这两个数。(难点:交换数据算法)

分析:首先观察这两个数在计算机内存中的存放位置,然后再讨论如何交换。

```
#include "stdio.h"
int main(void)
```

```
{ int a,b,t; /* t-临时变量 */
  scanf("%d%d",&a,&b);
  if(b<a){t=a;a=b;b=t;} /* 交换 a,b */
  printf("%d%d",a,b); return 0;
}
```

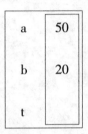

例 6-9:输入三个数 a,b,c,按照由小到大的顺序输出。

分析:

if b<a 将 a,b 交换(a 是 a,b 中的小者)

if c<a 将 a,c 交换(a 是 a,c 中的小者,因此 a 是三者中的最小者)

if c<b 将 b,c 交换(在剩下的两个数 b,c 中选次小数,存放在 b 中)

输出 a,b,c。

```
#include "stdio.h"
int main( void )
{ int   a,b,c,t; /* t-临时变量 */
  scanf("%d%d%d",&a,&b,&c);
  if(b<a){t=a;a=b;b=t;} /* 交换 a,b */
  if(c<a){t=a;a=c;c=t;} /* 交换 a,c */
  if(c<b){t=b;b=c;c=t;} /* 交换 b,c */
  printf("%d%d%d%d",a,b,c); return 0;
}
```

例 6-10:输入三个非零实数 a,b,c,问这三个数是否能作为一个三角形的三条边。

分析:根据三角形定理:任意两边之和大于第三边;

```
#include "stdio.h"
int main(void)
{
  float   a,b,c;
  scanf("%f%f%f",&a,&b,&c);
```

```
    if (a+b>c)
      {if (a+c>b)
        if (b+c>a)
          printf("可以");
    }
    else
      printf("不可以"); return 0;
}
```

例6-11:输入三个整数,输出最大数。

```
#include "stdio.h"
int main( void )
{   int a,b,c,max;
    printf("下面输入 3 个整数:");
    scanf("%d%d%d",&a,&b,&c);
    if(a>b)
      max = a;
    else
      max = b;
    if( max<c)
      max = c;
    printf("max=%d\n",max,); return 0;
}
```

说明:批量数据中选择出特定的数,通常采用打擂方法选择出特定的数。

例6-12:四则运算计算器。用户输入运算数和四则运算符,输出计算结果。

```
#include "stdio.h"
int main( void )
{
    float a,b;
    char c;
    printf("程序功能完成简单四则运算,请输入 a+b 形式表达式 \n");
    scanf("%f%c%f",&a,&c,&b);
    switch(c)
      {
```

```
    case '+': printf("%f\n",a+b);break;
    case '-': printf("%f\n",a-b);break;
    case '*': printf("%f\n",a*b);break;
    case '/': printf("%f\n",a/b);break;
    default: printf("输入格式错误\n");
    }
  return 0;
}
```

6.3.4　条件运算符

条件表达式的一般形式：

表达式 1？表达式 2：表达式 3。

图 6-3 为执行过程：

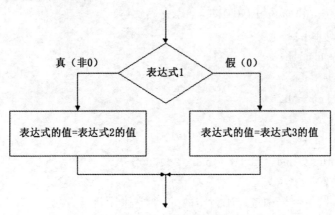

图 6-3　条件表达式计算流程图

说明：

（1）条件运算符的执行顺序：先求解表达式 1,若为非 0(真)则求解表达式 2,表达式 2 的值就是整个条件表达式的值。若表达式 1 的值为 0(假),则求解表达式 3,此时表达式 3 的值就是整个条件表达式的值。

（2）条件运算符的优先级高于赋值运算符,低于关系运算符和算术运算符。

例如：max＝a＞b？a：b　　等价于　max＝((a＞b)？a：b)

（3）条件运算符的结合性"自右向左"。

例如：a＞b？a：c＞d？c：d。

先考虑优先级、再考虑结合性：上面表达式等价于：　(a＞b)？a：((c＞

d)？c:d)。

(4)表达式 2 和表达式 3 不仅可以是数值表达式,还可以是赋值表达式、函数表达式。

例如:

x>y？(x=1):(y=2);

x>y？prinf("%d",x):prinf("%d",y);

(5)表达式 1,表达式 2,表达式 3 的类型都可以不同。条件表达式值的类型是表达式 2、表达式 3 中类型较高的类型。

例如:x>y？1:1.5　整个表达式类型为实型。

例 6-13:输入一个字符,如果是大写字母转换为小写,如果不是不转换,最后输出。

```
#include" stdio.h"
int main( void )
{
    char ch;
    scanf( ch) ;
    ch= ( ch>='A'&&ch<='Z') ?    ( ch+32)    :ch;
    printf( ch) ; return 0;
}
```

6.4　循环程序控制

6.4.1　循环的本质

所谓循环就是程序执行过程中要周而复始地执行一段特定的程序段。为什么要周而复始地重复执行？是因为这段程序代码执行的动作遵循着一定变化规律,所以为了简化代码书写的数量,提高代码的可读性,特别设定了循环这样一种程序结构。

如何能开始循环执行这样的程序段,如何结束执行的过程,循环结构中设定了两种类型的循环:(1)利用计数器控制循环;(2)利用标志量控制循环。计数器控制的循环是指在循环开始时就已经知道重复执行的次数,为此我们设定一个计数器变量来计数,当达到次数要求时停止执行循环。当无法预知循环执行的次数时,就要设置一个标志变量,当标志变量变化满足我们的要求时停止循环。因此循环结构中,循环的开始,循环规律如何构成以及循环的结束是我们重点要考虑三个环节。

C 语言提供了三种循环控制语句(不考虑 goto/if 构成的循环),构成了三种基本的循环结构:

(1)while 语句构成的循环结构("当型循环");

(2)do-while 语句构成的循环结构("直到型循环");

(3)for 语句构成的循环结构("当型循环")。

6.4.2 while 语句

while 语句的一般形式是:

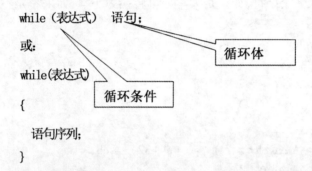

其中表达式称为"循环条件",语句称为"循环体"。可以读作"当条件(循环条件)成立(为真),循环执行语句(循环体)"

执行过程是:

(1)先计算 while 后面的表达式的值,如果其值为"真",则执行循环体;

(2)在执行完循环体后,再次计算 while 后面的表达式的值,如果其值为"真"则继续执行循环体,如果表达式的值为假,退出此循环结构。

while 循环的执行流程见图 6-4。

使用 while 语句需要注意以下几点:

(1)表达式的构成有常量、变量、关系表达式、逻辑表达式、算术表达式、函数表达式;

(2)while 语句的特点是先计算表达式的值,然后根据表达式的值决定是否执行循环体中的语句,表达式结果非 0 则执行循环,表达式为 0 循环结束。如果表达式的值一开始就为"假",那么循环体一次也不执行;

(3)当循环体为多个语句组成,必须用{ }括起来,形成复合语句,这点至关重要,否则周而复始重复执行的程序段就发生变化了;

(4)在循环体中应有使循环趋于结束的语句,以避免"死循环"的发生。

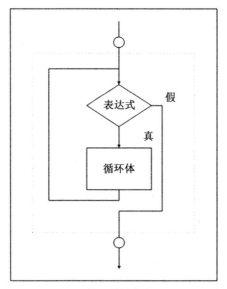

图 6-4　循环结构执行流程图

例 6-14:输入三个整数,输出最大数。

```c
#include "stdio.h"
int main( void )
{    int a,b,c,max;
     printf("下面输入 3 个整数:");
     scanf("%d%d%d",&a,&b,&c);
     if( a>b)
        max = a;
     else
        max = b;
     if( max<c)
        max = c;
printf("max = %d\n",max,); return 0;
}
#include "stdio.h"
int main( void )
{    int a,i,max;
     printf("下面输入 3 个整数:");
```

```
        i = 0; scanf("%d", &a, );
        max = a;
        while(i<2)
     { scanf("%d", &a, );
        if(a>max)
           max = a;
        i++;
     }
printf("max = %d\n", max, ); return 0 }
```

例 6-15：利用 while 语句，编写程序计算 1+2+3+⋯+100。

算法 1：直接写出算式

S_1： result 1+2+3+4+5+⋯+100

很简单。但是写都写得累死了。

算法 2：考虑到 1+2+3+⋯+100 可以改写为：(((1+2)+3)+⋯+100)，

S_1：p1 1+2

S_2：p2 p1+3

S_3：p3 p2+4

…

S_{99}：p99 p98+100 结果在 p99 里。

此算法也一样麻烦，要写 99 步，同时要使用 99 个变量。本算法同样不适合编程，但是可以从本算法看出一个规律，即每一步都是两个数相加，加数总是比上一步加数增加 1 后参与本次加法运算，被加数总是上一步加法运算的和。可以考虑用一个变量 i 存放加数，一个变量 p 存放上一步的和。那么每一步都可以写成 p+i，然后让 p+i 的和存入 p，即每一步都是 p p+i。也就是说 p 既代表被加数又代表和。这样可以得到算法 3。执行完步骤 S_{99} 后，结果在 p 中。

算法 3：

S_0：p 0, i 1

S_1：p p+i, i i+1

S_2：p p+i, i i+1

S_3：p p+i, i i+1

…

S_{99}：p p+i, i i+1

算法 3 表面上看与算法 2 差不多，同样要写 99 步，但是从算法 3 可以看

出 $S_1 \sim S_{99}$ 步骤实际上是一样的,也就是说 $S_1 \sim S_{99}$ 同样的操作重复做了 99 次。计算机对同样的操作可以用循环完成。

算法4:

S_0: p　0, i　1(循环初值)

S_1: p　p+i, i　i+1(循环体)

S_2:如果 i 小于或等于 100,返回重新执行步骤 S_1 及 S_2;否则,算法结束(循环控制)。

结果:p 中的值就是 $1+2+\cdots+100$ 的值。

从算法 4 可以看出这是一个典型的循环结构程序,流程图见图 6-5。

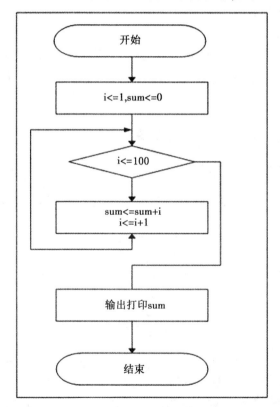

图 6-5　计算流程图

结论:编制循环程序要注意下面几个方面。

(1)遇到数列求和、求积的一类问题,一般可以考虑使用循环解决。

(2)注意循环初值的设置。一般对于累加器常常设置为 0,累乘器常常设置为 1。

(3)循环体中要做重复的工作,同时要保证使循环倾向于结束。循环的结束由 while 中的表达式(条件)控制。

例6-16:利用 while 语句,计算机 1+1/2+1/4+…+1/50。

观察数列 1,1/2,…,1/50。=1/1,1/2,1/50。分子全部为 1,分母除第一项外,全部是偶数。同样考虑用循环实现。其中累加器用 sum 表示(初值设置为第一项 1,以后不累加第一项),循环控制用变量 i(i:2~50)控制,数列通项:1/i。

```
#include"stdio.h"
int main( void )
{   float sum=1;    int i=2;
    while( i<=50)
    {   sum=sum+1.0/i;
        i+=2;
    }

    printf( sum) ; return 0;
}
```

6.4.3 do while 语句

do-while 语句的一般形式是:

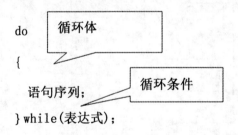

```
do
{
    语句序列;
} while(表达式);
```

其中:表达式称为“循环条件”,语句称为“循环体”。“执行语句(循环体),当条件(循环条件)不成立(为假)时,循环结束”—直到型循环。

执行过程是:

(1)执行 do 后面循环体语句。

(2)计算 while 后面的表达式的值,如果其值为“真”则继续执行循环体,如果表达式的值为假,退出此循环结构。

while 循环的执行流程见图 6-6。

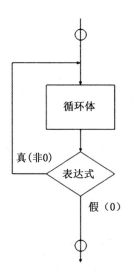

图 6-6　while 循环结构

例 6-17：利用 do-while 语句计算机 1+1/2+1/4+…+1/50。

```c
#include "stdio.h"
int main(void)
{    float sum=1;    int i=2;
    do
    {
        sum=sum+1.0/i;
        i+=2;
    } while(i<=50)
    printf(sum); return 0;
}
```

说明：

（1）do-while 循环,总是先执行一次循环体,然后再求表达式的值,因此,无论表达式是否为"真",循环体至少执行一次。

（2）do-while 循环与 while 循环十分相似,它们的主要区别是：while 循环先判断循环条件再执行循环体,循环体可能一次也不执行；do-while 循环先执行循环体,再判断循环条件,循环体至少执行一次。

（3）其他：复合语句{},避免死循环要求同 while 循环。

6.4.4 for 语句

for 语句的一般形式是：

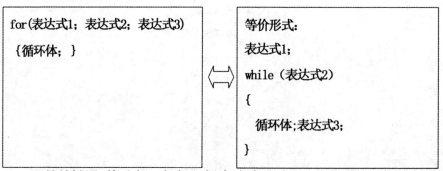

for(表达式1；表达式2；表达式3)

{循环体；}

等价形式：

表达式1；

while（表达式2）

{

　循环体;表达式3;

}

for 是关键词,其后有 3 个表达式,各个表达式用";"分隔。3 个表达式可以是任意的表达式,通常主要用于 for 循环控制。

for 循环执行过程如下：

(1)计算表达式 1。

(2)计算表达式 2,若其值为非 0(循环条件成立),则转至(3)执行循环体;若其值为 0(循环条件不成立),则转至(5)结束循环。

(3)执行循环体。

(4)计算表达式 3,然后转至(2)判断循环条件是否成立。

(5)结束循环,执行 for 循环之后的语句。

for 循环的执行流程见图 6-7。

例 6-18:求正整数 n 的阶乘 n!,其中 n 由用户输入。

解:n! ＝1＊2＊3＊…＊n;设置变量 fact 为累乘器(被乘数),i 为乘数,兼做循环控制变量。

```c
#include "stdio.h"
int main( void )
{
    float fact;
    int i,n;
    scanf( "%d",&n);
    for(i=1,fact=1.0;  i<=n;  i++)
        fact=fact*i;
    printf( "%f",fact); return 0;
}
```

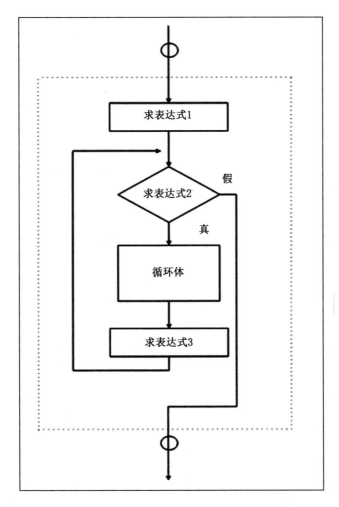

图 6-7 for 循环结构图

说明：

(1)for 语句中表达式 1、表达式 2、表达式 3 都可以省略,甚至三个表达式都同时省略,但是起分隔作用的";"不能省略。

(2)如果省略表达式 1,即不在 for 语句中给循环变量赋初值,则应该在 for 语句前给循环变量赋初值。

```
#include " stdio.h"
int main( void )
{   ...
    scanf( " %d" ,&n) ;
```

```
    for( i = 1,fact = 1.0;   i<=n;   i++)
      fact = fact * i;
    …}
#include "stdio.h"
int main( void )
{
  i = 1;fact = 1;
  for( ;   i<=n;   i++)
    fact = fact * i;
  …}
```

(3)如果省略表达式2,即不在表达式2的位置判断循环终止条件,循环无终止地进行—死循环,也就是认为表达式2始终为"真"。

```
#include "stdio.h"
int main( void )
{
  …
  for( i = 1,fact = 1.0;   ;   i++)
  {
    fact = fact * i;
      if( i = = n)break;
  }
}
#include "stdio.h"
int main( void )
{
  …
  for( i = 1,fact = 1.0;   i<=n; )
    {  fact = fact * i;
      i++;
    }
  …
}
```

(4)如果省略表达式3,即不在此位置进行循环变量的修改,则应该在其他位置(如循环体)安排使循环趋向于结束的工作。

（5）表达式 1 可以是设置循环变量初值的表达式（常用），也可以是与循环变量无关的其他表达式。

表达式 1、表达式 3 可以是简单表达式，也可以是逗号表达式。

> for(i = 1, fact = 1.0;   ;   i++)

（6）表达式 2 一般为关系表达式或逻辑表达式，也可以是数值表达式或字符表达式，事实上只要是表达式就可以。

> for(; (c = getchar( ))！ = ´\n´;   i+ = c);

小结：从上面的说明可以看出，C 语言的 for 语句功能强大，使用灵活，可以把循环体和一些与循环控制无关的操作也都作为表达式出现，程序短小简洁。但是，如果过分使用这个特点会使 for 语句显得杂乱，降低程序可读性。建议不要把与循环控制无关的内容放在 for 语句的三个表达式中，这是程序设计的良好风格。

6.5   break 和 continue 语句

6.5.1   break 语句

前面介绍的三种循环结构都是在执行循环体之前或之后通过对一个表达式的测试来决定是否终止对循环体的执行。在循环体中可以通过 break 语句强制立即终止包含其的循环的执行，而转到循环结构的下一语句处执行。

break 语句的一般形式为： break ;

break 语句的执行过程是：终止对 switch 语句或包含 break 循环语句的执行（跳出这两种语句），而转移到其后的语句处执行。

说明：

（1）break 语句只用于循环语句或 switch 语句中。在循环语句中，break 常常和 if 语句一起使用，表示当条件满足时，立即终止循环。注意 break 不是跳出 if 语句，而是循环结构。

（2）循环语句可以嵌套使用，break 语句只能跳出（终止）其所在的循环，而不能一下子跳出多层循环。要实现跳出多层循环可以设置一个标志变量，控制逐层跳出。

```
...
falg=0;
for(...)
{
    for(...)
    {
        ...
        if(...){flag=1;break}
        ...
    }
    if(flag==1)break;
}
...
```

标志变量初始化

如果满足一定条件需要跳出各
层循环，先设置标志变量，然
后跳出本层循环

继续跳出外层循环

例6-19：从键盘上连续输入字符，并统计其中大写字母的个数，直到输入
"换行"字符结果。

```
#include "stdio.h"
int main(void)
{
    char ch;
    int sum=0;
    while(1)
    {
        ch=getchar();
    if(ch=='\n')break;
    if(ch>='A'&&ch<='Z')sum++;
    }
    printf(sum);return 0;
}
```

死循环

例6-20:满足条件提前终止循环。

```c
#include "stdio.h"
int main( void )
{
    int i,s=0;
    int sum=0;

    for(i=1;  i<=10;  i++)
    {
        s=s+2;
        if  (s>6)break;
        printf(sum);
    }
    return 0;
}
```

6.5.2 continue 语句

continue 语句的一般形式是: continue;

continue 语句的功能是结束本次循环。即跳过本层循环体中余下尚未执行的语句,接着再一次进行循环条件的判定。注意:执行 continue 语句并没有使整个循环终止。注意与 break 语句进行比较。

在 while 和 do-while 循环中,continue 语句使流程直接跳到循环控制条件的测试部分,然后决定循环是否继续执行。在 for 循环中,遇到 continue 后,跳过循环体中余下的语句,而去对 for 语句中的表达式 3 求值,然后进行表达式 2 的条件测试,最后决定 for 循环是否执行。

例6-21:从键盘输入 80 个字符,并统计其中数字字符的个数。

```c
#include "stdio.h"
int main( void)
{
    int sum=0,i;
    char ch;
for(i=0;  i<80;  i++)
    {
```

```
ch = getchar( ) ;
if( ch<'0'||ch>'9' ) continue;
sum++;
   }
   printf( sum) ;    return 0; }
```

break 和 continue 的主要区别是：

continue 语句只终止本次循环，而不是终止整个循环结构的执行；break 语句是终止循环，不再进行条件判断，见图6-8。

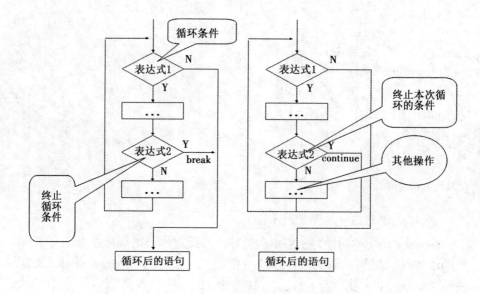

图 6-8　break 与 continue 区别

例 6-22：从键盘输入一个大于2的整数 n，判断是不是素数。

分析：只能被1和它本身整除的数是素数。为了判断一个数 n 是否为素数，可以让 n 除以2到 n-1（实际上只要到 sqrt(n)）之间的每一个整数，如果 n 能够被某个整数整除，则说明 n 不是素数，否则 n 是素数。

说明：

（1）math.h

（2）do-while 读键盘输入，保证 n>2

（3）flag 标志变量（开关变量 0-素数，1-非素数）

例 6-22：

```
#include<stdio.h>
#include<math.h>
int main(void)
{
  int n,i,m,r,flag,;
  do{
    scanf("%d",%n)
  } while(n<=2)
  m=sqrt(n);
  flag=0;
  for(i=2;  i<=m;  i++)
  {
      r=n%i;
      if(r==0)
      {
          flag=1;
          break;
      }
  }
  if(flag==1)
    promtf("%d is not a prime number\n",n)
  else
    promtf("%d is not a prime number\n",n)
  return 0;
}
```

i从2-m进行测试

例6-24：输出下三角99乘法表
若n能被i整除（r=0），n就不是素数，素数标志flag置1

例 6-23：求 100~200 之间的所有素数。

在例 6-22 的基础上，外面再进行 n 从 100~200 的循环就可以。

```
#include <stdio.h>
#include <math.h>
int main( void )
{ int n,i,m,r,flag;
for( n=101;n<200;n=n+2)
{
m=sqrt( n);
flag=0;
for( i=2;  i<=m;  i++)
{
```

```
            r=n%i;
    if(r==0)
            {
                    flag=1;
    break;
            }
    }
    if(flag==1)
        printf("%d is not a prime number\n",n);
    else
        printf("%d is a prime number\n",n);
    }
    return 0;
    }
```

例 6-24:输出下三角九九乘法表。

```
#include <stdio.h>
#include <math.h>
int main(void)
{int i,j,k;
for(i=1;2<10;i++)
{ for(j=1;j<=i;j++)
    printf("%d*%d=%d",i,j,k);
    printf("\n");
    }
return 0;
}
```

例 6-25:求两个数的最大公约数。

分析:按照公约数的定义,如果 x,y 的公约数是 k,则 k 应该是能同时被 x,y 所整除的数,且还是其中最大的那个,即 1<=k<=min(x,y);

程序如下:
```
#include <stdio.h>
int main( void )
{
int x,y,k;
scanf("%d%d",&x,&y);
```

```
if(x<y)
{k=x ;x=y ;y=k ;}
for(k=y;k>=1;k--)
{
if ( x%k==0 && y%k==0)
printf("%d",k);
    break;
    }
return 0;
}
```

习题

6.1 选择题

(1)C 语言中用于结构化程序设计的 3 种基本结构是(　　)。

　　A.顺序结构、选择结构、循环结构　　　　B.if,switch,break

　　C.for,while,do-while　　　　D.if,for,continue

(2)有如下程序：

```
int main()
{
  int x=1,a=0,b=0;
  switch(x)
  {
    case 0: b++;
    case 1: a++;
    case 2: a++;b++;
  }
  printf("a=%d,b=%d\n",a,b);
  return 0;
}
```

该程序的输出结果是(　　)。

A.a=2,b=1　　　　　　　　　　　　B.a=1,b=1

C.a=1,b=0　　　　　　　　　　　　D.a=2,b=2

(3)在下列选项中,没有构成死循环的是(   )。

A.int i=100;

while(1)

{   i=i%100+1;

    if(i>100)break;

}

B.for(;;);

C.int k=10000;

do{ k++; } while(k>10000);

D.int s=36;

while(s)--s;

(4)设 int x=1,y=1;表达式(! x||y--)的值是(   )。

A.0   B.1

C.2   D.-1

(5)下面关于 for 循环的正确描述是(   )。

A.for 循环只能用于循环次数已经确定的情况。

B.for 是先执行循环体语句,后判定表达式。

C.在 for 循环中,不能用 break 语句跳出循环体。

D.for 循环语句中,可以包含多条语句,但要用花括号括起来。

(6)执行以下程序时从键盘输入 3 和 4,则输出结果是(   )。

```
int main( )
{
    int a,b,s;
    scanf("%d%d",&a,&b);
    s=a;
    if(a<b) s=b;
    s*=s;
    printf("%d\n",s);
    return 0;
}
```

A.14   B.16   C.18   D.20

(7)设 a,b 和 c 都是 int 型变量,且 a=3,b=4,c=5,则以下表达式中值为 0 的表达式是(   )。

A.a&&b   B.a<=b   C.a||b+c&&b-c   D.! ((a<b)&&! c||1)

（8）以下正确的描述是（　　）。

A.continue 语句的作用是结束整个循环的执行

B.只能在循环体内和 switch 语句体内使用 break 语句

C.在循环体内使用 break 语句或 continue 语句的作用相同

D.从多层循环嵌套中退出时，只能使用 goto 语句

（9）有以下程序：

```
int main( )
{
        int a=5,b=4,c=3,d=2;
        if (a>b>c)
                printf("%d\n", d);
        else if ( (c-1 >= d) = =1)
                printf("%d\n", d+1);
        else
                printf("%d\n", d+2);
        return 0;
}
```

执行后输出结果是（　　）。

A.2　　B.3　　C.4　　D.编译时有错,无结果

（10）以下程序中,while 循环的循环次数是（　　）。

```
int main( )
{
        int i=0;
        while(i<10)
        {
            if(i<1) continue;
            if(i= =5) break;
            i++;
        }
        return 0;
}
```

A.1　　B.10　　C.6　　D.死循环,不能确定次数

（11）假定所有变量均已正确说明,下列程序段运行后 x 的值是（　　）。

```
        a=b=c=0;x=35;
```

```
            if( ! a)x--;
            else if( b) ;if( c)x=3;
            else x=4;
```
A.34   B.4   C.35   D.3

(12)对于以下程序片段,描述正确的是(   )。

```
int x = -1;
do
{
    x = x * x;
}  while( ! x);
```
A.是死循环   B.循环执行两次   C.循环执行一次   D.有语法错误

(13)有如下程序片段:

```
int i = 0;
while(i++ <= 2);
printf("%d", i);
```
则正确的执行结果是(   )。

A.2   B.3   C.4   D.程序陷入死循环

(14)在 if(x)语句中的 x 与下面条件表达式等价的是(   )。

    A.x! =0   B.x==1

    C.x! =1   D.x==0

(15)执行下列程序段后,s 值为(   )。

```
int i=1,s=0;
do { if( ! (i%2))  continue ;  s+=i; } while (++i<10);
```
A.1   B.45   C.25   D.以上均不是

6.2　填空题

(1)设 int x,y,z,t; x=y=z=1; t=++x||++y&&++z;则 y 的值是
_____。

(2)条件 10<=x<20 或 x<=0 的 C 语言表达式是_____。

(3)设 a=1,b=2,c=3,d=4;表达式 a>b? a:c<d? a:d 的值是
_____。

(4)在 C 程序中,用_____表示逻辑值"真"。

(5)设 x 为 int 型变量,请写出一个关系表达式(_____),用以判断 x 同时为 3 和 7 的倍数时,关系表达式的值为真。

(6)设 ch 是字符型变量,判断 ch 为英文字母的表达式是_____。

(7)设 x,y 都是 int 型变量,初值都为 1,则执行表达式--x&&y++后,y 的值为_____。

(8)语句 for(i=1;i==10;i++)continue;循环的次数是_____。

(9)执行以下程序后,输出'#'号的个数是_____。

```c
#include "stdio.h"
int main( )
{
        int i,j;
        for(i=1; i<5; i++)
        for(j=2; j<=i; j++) putchar('#') ;
        return 0;
}
```

(10)若从键盘输入 58,则以下程序输出的结果是_____。

```c
int   main( )
{
    int a;
    scanf("%d",&a);
    if(a>50) printf("%d",a);
    if(a>40) printf("%d",a);
    if(a>30) printf("%d",a);
    return 0;
}
```

6.3 阅读程序完成任务

(1)阅读程序写结果。

```c
#include   "stdio.h"
int main( )
{
    int x=1,y=0;
    switch(x)
    {
        case 1:switch(y)
            {
```

```
                   case 0:printf("first\n");break;
                   case 1:printf("second\n");break;
                      }
        case 2:printf("third\n");
     }
   return 0;
}
```

则程序运行结果是＿＿＿＿＿＿。

(2)#include <stdio.h>

```
int main()
{
    int n = 0;
    char c;
    while((c=getchar())!='\n')
    {
      if(c>='0' && c<='9')
      n = n * 10 + c - '0';
    }
    printf("value=%d\n", n);
    return 0;
}
```

程序运行时输入为2008<回车>时,则程序运行结果是＿＿＿＿＿＿。

(3)阅读程序写结果。

```
#include <stdio.h>
int main()
{
    int  k=4, n=0;
    for (;n<k;)
    {
      n++;
      if(n%2 == 0)  continue;
      k--;
    }
    printf("k=%d, n=%d\n",k,n);
```

```
        return 0;
    }
```

(4)阅读程序完成填空。

下面这个程序用于读入 5 个整数,当程序读入的数据为正整数时,则显示该数,否则,程序结束运行。

```
#include <stdio.h>
int main( )
{
    int i, n;
    for (i=1; i<=5; i++)
    {
        printf("Please enter n:");
        scanf(_____);
        if (n <= 0)  _____;
        printf("n = %d\n", n);
    }
    printf("Program is over! \n");
    return 0;
}
```

(5)下列程序的输出结果是_____。

```
char ch;
int s=0;
for(ch='A';ch<'Z';++ch)
if(ch%2==0) s++;
    printf("%d\n",s);
```

6.4 编程题

(1)输入三个整数,打印出它是奇数还是偶数。

(2)输入一行字符,分别统计出其中英文字母、空格、数字和其他字符的个数。

(3)编程实现以下函数,输入 x 的值,输出计算结果 y。

$$y = \begin{cases} x + 5 & (x < 5) \\ 3x - 1 & (5 \leq x < 10) \\ 2x + 1 & (x > 10) \end{cases}$$

(4)编写程序,要求从键盘输入年月,打印该月的天数。

(5)编写程序打印水仙花数。如果一个三位数的个位数、十位数和百位数的立方和等于该数本身,则称该数为水仙花数。编程求出所有的水仙花数。

(6)利用公式 $\dfrac{\pi}{2}=\dfrac{2}{1}\times\dfrac{2}{3}\times\dfrac{4}{3}\times\dfrac{4}{5}\times\dfrac{6}{5}\times\dfrac{6}{7}\times\cdots$ 前100项之积计算并打印π值。

(7)编程计算 1×2 + 3×4 + 5×6 + ⋯ + 99×100 的值,其中,n 值由键盘输入。

(8)输入 x 值,按下列公式计算 cos(x) 的值。

$$\cos(x) = 1 - \frac{x^2}{2!} + \frac{x^4}{4!} - \frac{x^6}{6!} + \cdots$$

直到最后一项的绝对值小于 10^{-6} 为止。

(9)编程求 e 的值。

$$e \approx 1 + \frac{1}{1!} + \frac{1}{2!} + \frac{1}{3!} + \frac{1}{4!} + \cdots$$

直到最后一项的绝对值小于 10^{-6} 为止。

(10)编程验证哥德巴赫猜想(任何充分大的偶数都可由两个素数之和表示)。将 4~1000 中的所有偶数分别用两个素数之和表示,则输出为

4 = 2+2

6 = 3+3

8 = 3+5

……

(11)求 2 至 1000 之间的自然数中所有的完数(因子之和等于它本身的数为完数。例如 28 的因子是 1,2,4,7,14,且 28 = 1+2+4+7+14,所以 28 是完数)。

(12)找出 2 至 1000 之间的自然数中所有的亲密数对(如果 a 的因子之和等于 b,b 的因子之和等于 a,且 a≠b,则称 a 和 b 为亲密数对)。

(13)输出 4 至 9999 之间的所有史密斯数。史密斯数是可以分解的整数,且所有数位上的数字之和等于其全部素数因子的数字总和。

例如:9975 = 3×5×5×7×19

9+9+7+5 = 30

3+5+5+7+1+9 = 30

(14)要将一张 100 元钞票换成等值的由 10 元、5 元、2 元、1 元若干张组成的小面额钞票。要求每次都换成 40 张小面额钞票,且每种小面额钞票至少一张。编程输出所有可能的兑换法,程序应适当考虑减少重复次数。

（15）编程打印如下图形。

```
            *
          * * *
        * * * * *
      * * * * * * *
        * * * * *
          * * *
            *
```

（16）编程打印如下图形。

```
      a
      a b
      a b c
      a b c d
        …
a b c…        x y z
```

（17）编写程序打印杨辉三角（要求打印前 10 行）。

```
        1
        1   1
        1   2   1
        1   3   3   1
        1   4   6   4   1
        1   5  10  10   5   1
              …
```

（18）编写程序输出可大可小的正方形团，最外圈是第一层，要求每层的数字与该层的层数相同。例如设 N＝9 时，那么输出的团如下图所示。

```
1 1 1 1 1 1 1 1 1
1 2 2 2 2 2 2 2 1
1 2 3 3 3 3 3 2 1
1 2 3 4 4 4 3 2 1
1 2 3 4 5 4 3 2 1
1 2 3 4 4 4 3 2 1
1 2 3 3 3 3 3 2 1
1 2 2 2 2 2 2 2 1
1 1 1 1 1 1 1 1 1
```

(19)编写一个程序,从键盘上输入一个整数,用英文显示该整数的每一位数字。例如用户输入 246,那么程序显示 two four six。

(20)两个乒乓球队进行比赛,各出三个人。甲队为 A,B,C 三人,乙队为 X,Y,Z 三人。根据抽签决定比赛名单。有人向队员打听比赛的名单,A 说他不和 X 比,C 说他不和 X,Z 比,请编程找出三对赛手的名单。

(21)韩信点兵。韩信有一队兵,他想知道有多少人,便让士兵排队报数:按从 1 至 5 报数,最末一个士兵报的数为 1;按从 1 至 6 报数,最末一个士兵报的数为 5;按从 1 至 7 报数,最末一个士兵报的数为 4;最后再按从 1 至 11 报数,最末一个士兵报的数为 10。编写程序求韩信至少有多少士兵。

(22)爱因斯坦曾出过这样一道数学题:有一条长阶梯,若每步跨 2 阶,最后剩下 1 阶;若每步跨 3 阶,最后剩下 2 阶;若每步跨 5 阶,最后剩下 4 阶;若每步跨 6 阶,最后剩下 5 阶;只有每步跨 7 阶,最后才正好 1 阶不剩。编程打印这条阶梯共有多少阶?

7 函数

7.1 函数概述

7.1.1 C语言的函数

C语言的函数是子程序的总称,函数是用来完成一定功能的独立的代码段。C语言函数可以分为库函数、用户自定义函数。库函数由系统提供,程序员只需要使用(调用),用户自定义函数需要程序员自己编制。C语言的程序由函数组成,函数是C语言程序的基本单位。

前面章节介绍的所有程序都是由一个主函数main组成的,程序的所有操作都在主函数中完成。事实上,C语言程序可以包含一个main函数,也可以包含一个main函数和若干个其他函数。

C语言程序的结构如图7-1所示。在每个程序中,主函数main是必须的,它是所有程序的执行起点,main函数只能调用其他函数,不能为其他函数调用。如果不考虑函数的功能和逻辑,其他函数没有主从关系,可以相互调用。所有函数都可以调用库函数。程序的总体功能通过函数的调用来实现。

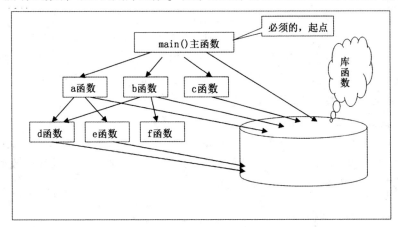

图7-1　C语言函数调用关系

7.1.2 为什么要用函数

有些同学提出,我只用一个 main 函数就可以编程,为什么这么复杂,还要将程序分解到函数,还要掌握这么多概念,太麻烦了! 我们说对于小程序可以这样做,但是对于一个有一定规模的程序这样做就不合适了。使用函数的几个原因:

(1)使用函数可以控制任务的规模。

一般应用程序都具有较大的规模。例如:一个软件系统的源程序行数有数千行。使用函数可以将程序划分为若干功能相对独立的模块,这些模块还可以再划分为更小的模块,直到各个模块达到程序员所能够控制的规模。然后程序员再进行各个模块的编制。因为各个模块功能相对独立,步骤有限,所以流程容易控制,程序容易编制和修改。

(2)使用函数可以控制变量的作用范围。

变量在整个模块范围内全局有效,如果将一个程序全部写在 main 函数内,大家可以想象,变量可以在 main 函数内任何位置不加控制地被修改。如果发现变量的值(状态)有问题,你可能要在整个程序中查找哪里对此变量进行了修改,什么操作会对此变量有影响,还可能改动了一个逻辑,一不留神又造成了新的问题,最后程序越改越乱,有时连程序员自己都不愿意再看自己编写的程序。

(3)函数与函数通过接口(参数表,返回值)通讯,交换数据。

使用函数,程序的开发可以由多人分工协作。一个 main( )模块,怎么合作? 将程序划分为若干模块(函数),各个相对独立的模块(函数)可以由多人完成,每个人按照模块(函数)的功能要求,接口要求编制代码、调试模块,确保每个模块(函数)的正确性。最后将所有模块(函数)合并,统一调试、运行。

(4)使用函数,可以重新利用已有的、调试好的、成熟的程序模块。

想象一下,如果要用到求平方根,如果系统不提供 sqrt 这样的函数,怎么办?(找数学书,考虑算法,编制求平方根代码)。C 语言的库函数(标准函数)就是系统提供的、调试好的、常用的模块,我们可以直接利用。事实上我们的代码也可以重新利用,可以将已经调试好的,功能相对独立的代码改成函数,供以后调用,也可以共享给别人调用。

7.1.3 函数的一些概念

函数分为以下几种:主函数、其他函数;

主调函数(调用其他函数的函数)、被调函数(被其他函数调用的函数);

标准函数(库函数)和用户自定义函数；

无参函数、有参函数；

无返回值函数、有返回值函数。

7.1.4 C 语言程序的结构

(1)C 语言编写的程序由程序工程来组织,一个程序就是一个工程。

(2)一个工程可以由一个或多个文件组成,这些文件可以是源文件、头文件、资源文件等。

(3)一个源文件内由数据声明和函数构成,因此也可以说 C 程序是由函数构成的。

①一个 C 语言编程的工程中至少要包含一个 main 函数,这是程序的执行入口,也可以包含一个 main 函数和若干个其他函数。函数是 C 程序的基本单位。

②多个函数之间地位是平等的,函数之间通过相互调用产生合作关系,被调用的函数可以是系统提供的库函数,也可以是用户根据需要自己编写设计的函数。

③C 函数库非常丰富,ANSI C 提供 100 多个库函数,Turbo C 提供 300 多个库函数。

(4)main 函数(主函数)是每个程序执行的起始点。

一个 C 程序总是从 main 函数开始执行,而不论 main 函数在程序中的位置。可以将 main 函数放在整个程序的最前面,也可以放在整个程序的最后,或者放在其他函数之间,但一个工程之中仅能有一个 main( )。

7.2 函数的一般定义形式

7.2.1 函数应当先定义,后调用

(1)和变量一样,C 语言是强类型语言,必须先定义,后使用；

(2)函数也可以看作是一种全新类型的数据类型,特殊的构造类型,称为函数类型；

(3)既然是数据类型,该数据类型数据当然也一定占据一定的内存空间大小。

7.2.2 函数定义的一般形式

（1）变量定义形式：int x,y;

（2）函数定义形式：int func(float x,char ch) {　　　};

说明：一个函数(定义)由函数头(函数首部)和函数体两部分组成

（1）函数头（首部）：说明了函数类型、函数名称及参数。

①函数类型：函数返回值的数据类型,可以是基本数据类型也可以是构造类型。如果省略默认为 int,如果不需要返回值,应该定义为 void 类型。

②函数名：给函数取的名字,以后用这个名字调用。函数名由用户命名,命名规则同标识符。

③函数名后面是参数表,无参函数没有参数传递,但"( )"号不能省略,这是格式的规定。参数表说明参数的类型和形式参数的名称,各个形式参数用","分隔。

（2）函数体：函数首部分下用一对{ }括起来的部分。如果函数体内有多个{ },最外层是函数体的范围。

函数体一般包括声明部分、执行部分两部分。

①声明部分：在这部分定义本函数所使用的变量和进行有关声明(如函数声明)。

②执行部分：程序段,由若干条语句组成命令序列(可以在其中调用其他函数)。

（3）函数不能单独运行,函数可以被主函数或其他函数调用,也可以调用其他函数,但是不能调用主函数。

例 7-1:输入三个整数,求三个整数中的最大值,打印,解见图 7-2。

7.3　函数的参数

7.3.1　形式参数与实际参数

（1）形式参数（形参）：函数定义时设定的参数。例 7-1 中,函数头 int

```
int main(void)                        使用函数
{                                     int max(int x,int y,int z)
  int n1,n2,n3,nmax;                  {
  scanf("%d%d%d",&n1,&n2,&n3);          int m;                    函数定义
                                        if(x>y)
  if(n1>n2)                               m=x;
    nmax=n1;                            else
  else                                    m=y;                    像调用库函
    nmax=n2                             if(z>m)m=z;               数一样调用
  if(n>3nmax)                           return m;
    nmax=n3                           }
  printf("max=%d\n",nmax);            int main(void)
 return0;                             {
}                                       int n1,n2,n3,nmax;
                                        scanf("%d%d%d",&n1,&n2,&n3);
                                         nmax=max(n1,n2,n3);
                                        printf("max=%d\n",nmax);return 0;
                                      }
```

图 7-2　求是那个整数中的最大值

max(int x,int y,int z)中 x,y,z 就是形参,它们的类型都是整型。

(2)实际参数(实参):调用函数时所使用的实际的参数。例 7-1 中,主函数中调用 max 函数的语句是:nmax = max(n1,n2,n3);　其中 n1,n2,n3 就是实参,它们的类型都是整型。

7.3.2　参数的传递

在调用函数时,主调函数和被调函数之间有数据的传递——实参传递给形参,具体的传递方式有两种:

(1)值传递方式(传值):将实参单向传递给形参的一种方式。

(2)地址传递方式(传址):将实参地址单向传递给形参的一种方式。

7.3.3　注意

(1)单向传递:不管"传值"、还是"传址",C 语言都是单向传递数据的,一定是实参传递给形参,反过来不行。也就是说 C 语言中函数参数传递的两种方式本质相同——"单向传递"。

(2)"传值""传址"只是传递的数据类型不同(传值为一般的数值,传址为地址)。传址实际是传值方式的一个特例,本质还是传值,只是此时传递的

是一个地址数据值。

(3)系统分配给实参、形参的内存单元是不同的,也就是说即使在函数中修改了形参的值,也不会影响实参的值。

①对于传值,即使函数中修改了形参的值,也不会影响实参的值。

②对于传址,即使函数中修改了形参的值,也不会影响实参的值。但要注意,会影响实参的值,不等于不影响实参指向的数据。

7.3.4 函数的返回值

C语言可以从函数(被调用函数)返回值给调用函数(这与数学函数相当类似)。在函数内是通过 return 语句返回值的。使用 return 语句能够返回一个值或不返回值(此时函数类型是 void)。return 语句的格式:

return [表达式];或 return (表达式);

说明:

(1)函数的类型就是返回值的类型,return 语句中表达式的类型应该与函数类型一致。如果不一致,以函数类型为准(赋值转化)。

(2)函数类型省略,默认为 int。

(3)如果函数没有返回值,函数类型应当说明为 void(无类型)。

7.4 函数的调用

7.4.1 函数调用

(1)数据类型构造完毕,必须定义该类型的变量,以便加以使用。

(2)函数这种数据类型定义好之后,要通过函数调用方式来使用。

7.4.2 函数调用的一般方法

函数名([实参表列])[;]

说明:

(1)函数调用是通过函数名来进行的,如"max (x,y,10);"。

(2)函数调用时必须按照函数定义时,函数描述的那样提供相应参数,实际参数要与形式参数一致,无参函数调用没有参数,但是"( )"不能省略,有参函数若包含多个参数,各参数用","分隔,实际参数个数与形式参数个数相同,类型一致或赋值兼容。

(3)函数调用可以出现的位置。

以单独语句形式调用(注意后面要加一个分号,构成语句)。以语句形式调用的函数可以有返回值,也可以没有返回值。

例如:

printf("max=%d",n);

swap(x,y);

puts(s);

在表达式中调用(后面没有分号)。在表达式中的函数调用必须有返回值。

例如:

if(scanf("%d",&x))//函数调用在关系表达式中。

n=max(n1,n2,n3); //函数调用 max() 在赋值表达式中,";"是赋值表达式作为语句时加的,不是 max 函数调用的。

fun1(fun2( )); //函数调用 fun2() 在函数调用表达式 fun1() 中。函数调用 fun2() 的返回值作为 fun1 的参数。

7.4.3 函数调用时参数关系

(1)形参在没有发生函数调用前是不分配内存空间的。

(2)实际参数是在程序运行后就可能分配了内存空间。

(3)函数调用时将实际参数的值拷贝一份传递给形式参数称为单向传递,根据参数的形式,区分出是值传递,还是地址传递。

(4)由(3)得出结论,由于参数传递是单向的,因而在函数体内对函数形式参数的改变不会影响函数调用时实际参数的值,但要注意,不会影响实参的值,不等于不影响实参指向的数据。

例 7-1:

```
#include "stdio.h"
void main( )
{
    int x;
    int s(int n);
    printf("input number\n");
    scanf("%d",&x);
    s(n);
    printf("x=%d\n",x);
}
```

```
int s( int n)
{
    int i;
    for( i=n-1;i>=1;i--)
      n=n+i;
    printf( "n=%d\n",n);
}
```

本程序中定义了一个函数 s,该函数的功能是求 $\sum n_i$ 的值。在主函数中用 printf 语句输出一次 x 值,实参的值。在函数 s 中也用 printf 语句输出了一次 n 值,这个 n 值是形参最后取得的 n 值。从运行情况看,输入 x 值为 100。即实参 x 的值为 100。把此值传给函数 s 时,形参 n 的初值也为 100,在执行函数过程中,形参 n 的值变为 5050。返回主函数之后,输出实参 x 的值仍为 100。可见实参的值不随形参的变化而变化。

7.4.4　函数的声明

函数定义的位置可以在调用它的函数之前,也可以在调用它的函数之后,甚至位于其他的源程序模块中。

(1)如果自定义函数的定义位置在前,函数调用在后,则可以不必声明自定义函数,编译程序会产生正确的调用格式。

(2)如果自定义函数的定义位置在调用它的函数之后,或者自定义函数在其他源程序模块中,且函数类型不是整型,这时,为了使编译程序产生正确的调用格式,应该在调用自定义函数之前对自定义函数进行声明。这样不管自定义函数在什么位置,编译程序都能产生正确的调用格式。

函数声明的格式:

函数类型　函数名([参数类型][,…,[参数类型]]);

C 语言的库函数就是位于其他模块的函数,为了正确调用,C 编译系统提供了相应的.h 文件。h 文件内许多都是函数声明,当源程序要使用库函数时,就应当包含相应的头文件。

7.5　函数的嵌套和递归

7.5.1　函数的嵌套

C 语言中不允许作嵌套的函数定义,因此各函数之间是平行的,函数间相互作用关系是调用。C 语言允许在一个函数的定义中出现对另一个函数的调用,这样就出现了函数的嵌套调用,即在被调函数中又调用其他函数。这与其他语言的子程序嵌套的情形是类似的,其关系可表示为图 7-3。

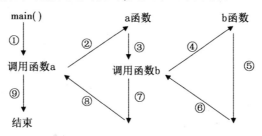

图 7-3　函数嵌套调用

图 7-2 表示了两层嵌套的情形。其执行过程是:执行 main 函数中调用 a 函数的语句时,即转去执行 a 函数,在 a 函数中调用 b 函数时,又转去执行 b 函数,b 函数执行完毕返回 a 函数的断点继续执行,a 函数执行完毕返回 main 函数的断点继续执行。

例 7-2:计算 $s=2^2! +3^2!$。

本题可编写两个函数,一个是用来计算平方值的函数 fun_1,另一个是用来计算阶乘值的函数 fun_2。主函数先调 fun_1 计算出平方值,再在 fun_1 中以平方值为实参,调用 fun_2 计算其阶乘值,然后返回 fun_1,再返回主函数,在循环程序中计算累加和。答案如下所示。

```c
#include "stdio.h"
long fun_1(int p)
{
    int k;
    long r;
    long fun_2(int);
    k=p*p;
    r=fun_2(k);
    return r;
}
long fun_2(int q)
{
    long c=1;
    int i;
```

```
        for( i = 1 ; i < = q ; i++)
            c = c * i;
return c;
}
void main( )
{
        int i;
        long s = 0;
        for ( i = 2 ; i < = 3 ; i++)
            s = s+fun_1( i );
        printf( " \ns = %ld\n" , s );
}
```

7.5.2 函数的递归调用

7.5.2.1 函数递归调用

一个函数在它的函数体内调用它自身(自己调用了自己,无论是直接调用自己,还是间接调用自己)称为递归函数。C语言允许函数的递归调用。在递归调用中,主调函数又是被调函数。执行递归函数将反复调用其自身,每调用一次就进入新的一层。

7.5.2.2 递归的本质

递归是某一些问题求解所具有的特殊特征。递归函数只知道如何去求解最简单的基本问题,它会直接给出结果,若一个复杂问题来调用该函数以求解,那么这个函数则分为两部分:其一是函数知道如何去做的简单问题;其二是函数不知道如何去做的一部分。但这部分应该是和原始问题具有相似性,并且是原始问题的规模更小的形式。

例7-3:求$n!$。

分析:

(1) $n! = n * (n-1) * (n-2) * \cdots * 1 = n(n-1)!$。

```
long fun_2( int n )
{
        long c = 1;
        int i;
        for( i = 1 ; i < = n ; i++)
            c = c * i;
```

```
return c;
}
```

（2）按阶乘定义 n! 阶乘又可以写成如下通项公式：

$$n! = \begin{cases} 1 & 0,1 \\ n*(n-1)! & 其他 \end{cases}$$

这个通项恰恰具备了递归的基本特征,求解 $n!$,若 n 很简单($n=0$ 或 1)则可以直接得出问题的解。否则,若 n 比较复杂,则无法直接获得解,但问题的求解转化为 $n*(n-1)!$ 了,转化的问题和原始问题具有相似性,并且转化的问题变得比原始问题规模缩小了。若规模能直接缩小到简单问题,则可得解了。这样就要去了解语言是否支持递归函数的使用。

```
long fun_2(int n)
{
    if(n<=1)
        return 1;//简单问题直接给解了,函数直接结束调用了,返回结果
了。
    else
        return(n*fun_2(n-1)); //问题复杂则转到相似问题求解;
    return c;
}
```

例 7-4:猴子吃桃。猴子第一天摘了若干个桃子,当即吃了一半,还不过瘾,又多吃了一个,第二天早上又将剩下的桃子吃掉一半,又多吃了一个,以后每天早上都吃了前一天剩下的一半零一个,到第 10 天早上想再吃时,就只剩下一个桃子了,求第一天共摘了多少个桃子。

解:第一天剩下桃子为 $F(1)=x$; $F(2)=F(1)-F(1)/2-1$; $F(3)=F(2)-F(2)/2-1$; $F(10)=F(9)-F(9)/2-1$; $F(10)=1$;

```
int fun()
{
    int day,x;
    day=10;x=1;
    for(day=9;day>0;day--)
    x=(x+1)*2;
    return x;
}
int fun(int day)
```

```
    {
        if ( day = = 10)
            return 1;
        else
            return 2 * ( f( day+1  ) +1) ;


    }
```

总结：

(1)迭代和递归都是以一种控制语句为基础进行问题的求解；迭代使用了循环结构，而递归则是使用了选择程序结构，借助于不断的函数调用使用循环。

(2)迭代和递归都包含了程序的终止测试条件。

(3)某种情况下迭代描述的问题求解，没有递归描述的清晰简单直观。

(4)递归的不断函数调用要增加系统的开销，增加内存的使用量，而迭代在函数内部实现，不会增加系统开销。

7.6　变量的作用域(有效范围)

学习到目前为止，我们使用的变量单从数据类型的角度看可以分为整型、实型、字符型等，变量除去数据类型的属性外，还有变量的作用域和生命期两个属性。

变量的作用域：变量的有效范围或者变量的可见性。变量定义的位置决定了变量的作用域，见图 7-4。

变量从作用域(变量的有效范围，可见性)的角度可以分为局部变量、全局变量。

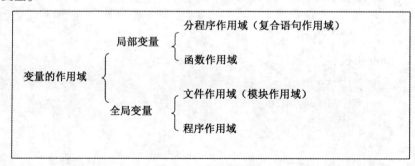

图 7-4　变量作用域

7.6.1　局部变量

局部变量:在一定范围内有效的变量。C 语言中,在以下各位置定义的变量均属于局部变量。

(1)在函数体内定义的变量,在本函数范围内有效,作用域局限于函数体内。

(2)在复合语句内定义的变量,在本复合语句范围内有效,作用域局限于复合语句内。

(3)有参函数的形式参数也是局部变量,只在其所在的函数范围内有效。

例如:

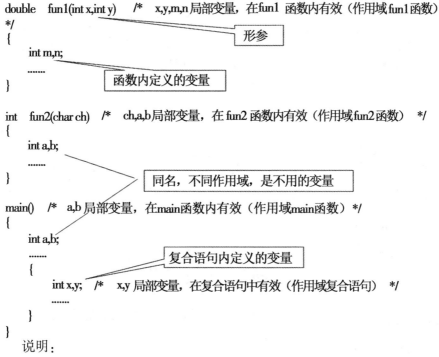

```
double   fun1(int x,int y)    /*   x,y,m,n 局部变量, 在fun1 函数内有效 (作用域fun1函数) */
{
    int m,n;
    ……
}                                        形参
                                         函数内定义的变量

int   fun2(char ch)   /*   ch,a,b局部变量, 在 fun2 函数内有效 (作用域fun2函数)   */
{
    int a,b;
    ……
}                                        同名, 不同作用域, 是不用的变量

main()   /*   a,b 局部变量, 在main函数内有效 (作用域main函数) */
{
    int a,b;
    ……                                  复合语句内定义的变量
    {
        int x,y;   /*   x,y 局部变量, 在复合语句中有效 (作用域复合语句)   */
        ……
    }
}
```

说明:

(1)不同函数中和不同的复合语句中可以定义(使用)同名变量。因为它们作用域不同,程序运行时在内存中占据不同的存储单元,各自代表不同的对象,所以它们互不干预。即:同名,不同作用域的变量是不同的变量。

(2)局部变量所在的函数被调用或执行时,系统临时给相应的局部变量分配存储单元,一旦函数执行结束,则系统立即释放这些存储单元,所以在各个函数中的局部变量起作用的时刻是不同的。

7.6.2　全局变量

全局变量:在函数之外定义的变量。函数之外指所有函数前、各个函数之间、所有函数后。

全局变量作用域：从定义全局变量的位置起到本源程序结束为止。

在引用全局变量时如果使用"extern"声明全局变量，可以扩大全局变量的作用域。例如，扩大到整个源文件，对于多源文件可以扩大到其他源文件。

在定义全局变量时如果使用修饰关键词 static，表示此全局变量作用域仅限于本源文件。

例如：

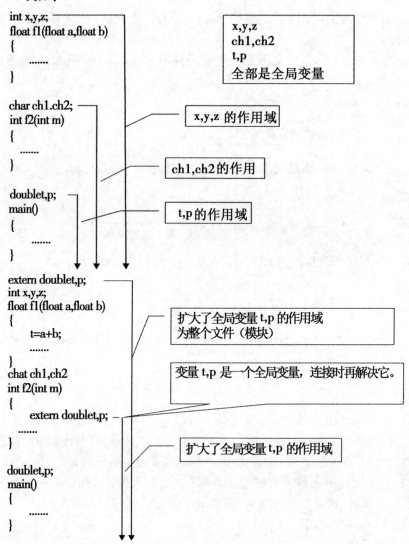

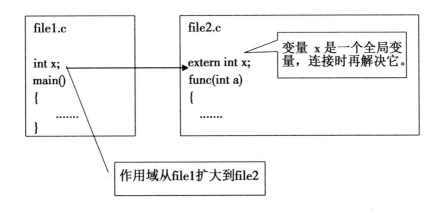

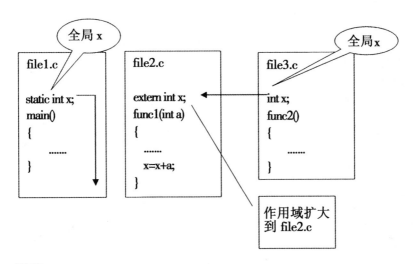

说明:

(1)全局变量可以和局部变量同名,当局部变量有效时,同名全局变量不起作用。

(2)使用全局变量可以增加各个函数之间的数据传输渠道,在一个函数中改变一个全局变量的值,在另外的函数中就可以利用。但是,使用全局变量使函数的通用性降低,使程序的模块化、结构化变差,所以要慎用、少用全局变量。

7.6.3　作用域举例

例 7-5:

void main(void)

```
{
    int i=1,j=1,k;
    k=i+j;
    {
        int k=1;
        k++;
        printf("%d\n",k);
    }
    printf("%d\n",k);
}
```

结果:2

　　　2

例7-6:外部变量与局部变量同名。

```
int a=3,b=5;        //a,b 为全局变量
max(int a,int b) //a,b 为局部变量
{int c;
c=a>b? a:b;
return(c);
}
voidmain(void)
{int a=8;    //a 是局部变量
printf("%d\n",max(a,b));
}
```

结果:8

7.7 变量的生存期(存储类别)

　　变量从作用空间范围上可分为局部变量和全局变量。

　　变量从存在的时间长短(即变量生存期)来划分,还可以分为动态存储变量和静态存储变量。变量的存储方式决定了变量的生存期。

　　C 语言变量的存储方式可以分为动态存储类型和静态存储类型,见图7-5。

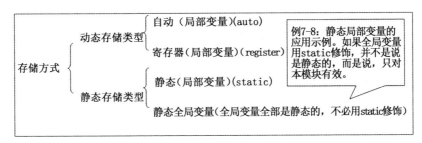

图 7-5 变量的存储类型

7.7.1 动态存储类型

动态存储类型:在程序运行期间根据需要为相关的变量动态分配存储空间的方式。C语言中,变量的动态存储方式主要有自动型存储方式和寄存器型存储方式。

7.1.1.1 自动型存储类型(auto)

auto 型存储方式是 C 语言默认的局部变量的存储方式,也是局部变量最常使用的存储方式。

(1)局部变量默认的情况下属于自动变量的范畴,作用域限于定义它的函数或复合语句内。

(2)自动变量所在的函数或复合语句执行时,系统才开始动态为相应的自动变量分配存储单元,当自动变量所在的函数或复合语句执行结束后,自动变量失效,它所在的存储单元被系统释放,所以原来的自动变量的值不能保留下来。若对同一函数再次调用时,系统会对相应的自动变量重新分配存储单元。

自动(局部)变量的定义格式:[auto] 类型说明 变量名;
其中 auto 为自动存储类别关键词,可以省略,缺省时系统默认 auto。

前面各章中的函数中的局部变量,尽管没有明确定义为 auto 型,但它们都属于 auto 型变量。

在函数中定义变量,下面两种写法是等效的。

int x,y,z;或 auto int x,y,z;它们都定义了 3 个整型 auto 型变量 x,y,z。

7.1.1.2 寄存器型存储类型(register)

register 型存储方式是 C 语言使用较少的一种局部变量的存储方式。该方式将局部变量存储在 CPU 的寄存器中,寄存器比内存操作要快很多,所以可以将一些需要反复操作的局部变量存放在寄存器中。

寄存器(局部变量)的定义格式:[register] 类型说明 变量名;

其中 register 为寄存器存储类别关键词,不能省略。

需要注意的是,CPU 的寄存器数量有限,如果定义了过多的 register 变量,系统会自动将其中的部分改为 auto 型变量。

7.7.2　静态存储类型

静态存储方式:在程序编译阶段就给相关的变量分配固定的存储空间(在程序运行的整个期间内都不变)的存储方式。C 语言中,使用静态存储方式的主要有静态存储的局部变量和全局变量。

7.7.2.1　静态存储的局部变量

静态局部变量的定义格式:$\boxed{[\text{static}]\quad 类型说明\quad 变量名[=初始化值];}$

其中:static 是静态存储方式关键词,不能省略。

例如:在函数内定义:static int a=10,b;

说明:

(1)静态局部变量的存储空间是在程序编译时由系统分配的,且在程序运行的整个期间都固定不变。该类变量在其函数调用结束后仍然可以保留变量值。下次调用该函数,静态局部变量中仍保留上次调用结束时的值,简而言之,静态局部变量生命期延长了,生命期贯穿于整个程序运行过程中,程序开始运行,它就存在,直至程序运行结束,但要注意生命期的延长并不能改变变量的有效使用范围。

(2)静态局部变量的初值是在程序编译时一次性赋予的,在程序运行期间不再赋初值,以后若改变了值,保留最后一次改变后的值,直到程序运行结束,简而言之就是静态局部变量在程序运行过程中仅初始化一次。

例 7-7:静态局部变量的应用示例。

```c
int fun (int a)
{ auto b=0;
    static c=3;
    b=b+1;
    c=c+1;
    return (a+b+c);
}
void main( void )
{int a=2,i;
for(i=0;i<3;i++)
        printf(" %d\n",fun(a));
```

}

结果:7

      8

      9

7.7.2.2　全局变量全部是静态存储的

C语言中,全局变量的存储默认的都是采用静态存储方式,即在编译时就为相应全局变量分配了固定的存储单元,且在程序执行的全过程始终保持不变。全局变量赋初值也是在编译时完成的。

因为全局变量全部是静态存储,所以没有必要为说明全局变量是静态存储而使用关键词static。如果使用了static说明全局变量,则不是说"此全局变量要用静态方式存储",那是变量的作用域被固定下来。

7.7.2.3　全局变量的 extern 声明

全局变量的static定义,不是说明"此全局变量要用静态方式存储"(全局变量天生全部是静态存储),而是说,这个全局变量只在本源程序有效(文件作用域)。

如果没有static说明的全局变量就是整个源程序范围有效(真正意义上的全局)。也就是说,变量的作用域有:复合语句作用域,函数作用域,文件作用域,整个程序作用域。

在引用全局变量时如果使用"extern"声明全局变量,可以扩大全局变量的作用域。例如,扩大到整个源文件(模块),对于多源文件(模块)可以扩大到其他源文件(模块)。

7.8　内部函数和外部函数

前面我们说过函数其实也是一种数据类型、函数数据类型,那当然函数也有作用域和生命期的附加属性。

7.8.1　内部函数

内部函数:只能被本源文件(模块)中的各个函数所调用,不能为其他模块中函数所调用的函数。内部函数的定义如下:

static 函数类型 函数名(形参表)

{

    ……

}

说明:

(1)内部函数又称静态函数,其使用范围仅限于定义它的源文件内。对于其他源文件它是不可见的。

①有一些涉及机器硬件、操作系统的底层函数,如果使用不当或错误使用可能导致出错。为避免其他程序员直接调用,可以将此类函数定义为静态函数,而开放本模块的其他高层函数,供其他程序员使用。

②还有一种情况就是,程序员自己认为某些函数仅仅是程序员自己模块中其他函数的底层函数,这些函数不必要由其他程序员直接调用。此时也常常将这些函数定义为静态函数。

(2)不同模块中的内部函数可以同名,它们的作用域不同,事实上它们根本就是不同的函数。

(3)内部函数定义,static 关键词不能省略。

7.8.2 外部函数

外部函数:能被任何源文件(模块)中的任何函数所调用的函数。

外部函数的定义如下:

[extern]函数类型 函数名(形参表)

{

　　……

}

说明:

(1)外部函数定义,extern 关键词可以省略。如果省略,默认是外部函数。

(2)外部函数可以在其他模块中被调用。如果需要在某个模块中调用它,就在模块中的某个位置作 extern 函数声明,即

extern　函数类型 函数名(形参表)。

习题

7.1 选择题

(1)以下对 C 语言函数的有关描述中,正确的是(　　)。

A.调用函数时,只能把实参的值传送给形参,形参的值不能传送给实参

B.函数既可以嵌套定义又可以递归调用

    C.函数必须有返回值,否则不能使用函数

    D.程序中有调用关系的所有函数必须放在同一个源程序文件中

(2)在调用函数时,如果实参是简单的变量,它与对应形参之间的数据传递方式是( )。

    A.地址传递   B.单向值传递

    C.由实参传形参,再由形参传实参   D.传递方式由用户指定

(3)C语言源程序的某文件中定义的全局变量的作用域为( )。

    A.本文件的全部范围

    B.本函数的全部范围

    C.从定义该变量的位置开始到本文件结束

    D.本程序的所有文件的范围

(4)自定义函数的类型为 void 的函数,其含义是( )。

    A.调用该自定义函数之后,被调用的自定义函数没有返回值。

    B.调用该自定义函数之后,被调用的自定义函数不返回。

    C.调用该自定义函数之后,被调用的自定义函数的返回值为任意的类型。

    D.以上说法都是错误的。

(5)C语言程序中,形参的缺省的存储类型是( )。

    A.static   B.auto

    C.register   D.extern

(6)一个 C 程序的执行是从( )。

    A.main( )函数开始,直到 main( )函数结束

    B.第一个函数开始,直到最后一个函数结束

    C.第一个语句开始,直到最后一个语句结束

    D.main( )函数开始,直到最后一个函数结束

(7)在 C 语言中,以下说法正确的是( )。

    A.普通实参和与其对应的形参各占用独立的存储单元

    B.实参和与其对应的形参共占用同一个存储单元

    C.只有当实参和与其对应的形参同名时才共占用同一个存储单元

    D.形参是虚拟的,不占用存储单元

(8)若调用一个函数,且此函数中没有 return 语句,则关于该函数正确的说法是( )。

    A.没有返回值   B.返回若干个系统默认值

    C.能返回一个用户所希望的函数值   D.返回一个不确定的值

(9)在 C 语言中以下不正确的说法是(　　)。

    A.实参可以是常量、变量或表达式

    B.形参可以是常量、变量或表达式

    C.实参可以为任意类型

    D.形参应与其对应的实参类型一致

(10)C 语言规定,函数返回值的类型是(　　)。

    A.由 return 语句中的表达式类型决定

    B.由调用该函数时的主调函数类型决定

    C.由调用该函数时系统临时决定

    D.由定义该函数时所指定的函数类型决定

7.2　填空题

(1)在 C 语言中参数的传递总是采用＿＿＿＿＿＿传递。

(2)如果 return 表达式中"表达式"的类型与函数类型不一致,则以＿＿＿＿＿＿的类型为准自动转换;如果实际参数的类型与形式参数的类型不一致,则以＿＿＿＿＿＿的类型为准自动转换。

(3)函数的形式参数在＿＿＿＿＿＿时分配内存,＿＿＿＿＿＿时释放内存。

(4)在 C 语言程序中,在函数内部定义的变量称为＿＿＿＿＿＿。

(5)以下 check 函数功能是对 value 中的值进行四舍五入计算,若计算后的值与 ponse 值相等,则显示"well done",否则显示计算后的值。已有函数调用语句 check(ponse,value);请填空。

```
void   check(int   ponse,float   value)
{ int   val;
val = _____;
printf("计算后的值:%d",val);
if(_____)   printf("\nwell   done! \n");
else   printf("\nsorry   the   correct   answer   is   %d\n",val);
}
```

(6)已有函数 pow,现要求取消变量 i 后 pow 函数的功能不变。完成下面填空。

修改前的 pow 函数: pow(int   x, int   y)

                        {int   i,j=1;

                           for(i=1;i<=y;++i)   j=j * x;

```
                    return(j);
                  }
修改后的 pow 函数: pow(int  x, int   y)
                { int   j;
                      for ( _____; _____:
_____)   j=j*x;
                  return(j);}
```

(7)以下程序的功能是求三个数的最小公倍数,请填空。

```
max(int   x, int   y, int   z)
{
if (x>y &&x.>z)   return(x);
   else   if(_____)   return(y);
   else   return(z);
   }


int   main()
   {
   int   x1,x2,x3,i=1,j,x0;
   printf("input   3 numbers:");
   scanf("%d%d%d",&x1,&x2,&x3);
   x0=max(x1,x2,x3);
   while(1)
   {
j=x0*i;
   if(_____)   break;
   i=i+1;
   }
printf("the   is %d   %d   %d   zuixiaogongbei is   %d\n",x1,x2,x3);
return 0;
}
```

(8)如果在一个函数中的复合语句中定义了一个变量,则该变量的有效
范围是_____。

7.3 阅读程序完成任务

(1)阅读下面程序,运行结果是＿＿＿＿＿＿＿。

```
void fun(int k)
{
  printf("%d",k);
  if(k>0)
  fun(k-1);
  }
int main( )
{
  int w=5;
  fun(w);
  printf("\n");
  return 0;
}
```

(2)阅读下面程序,运行结果是＿＿＿＿＿＿＿。

```
#include "stdio.h"
int main( )
{
  int k=4;
  func(k); func(k);
  return 0;
}
void func(int a)
{
  static int m=0;
  m+=a;
  printf("%d",m);
}
```

(3)如果输入的值是-125,以下程序的运行结果是＿＿＿＿＿＿＿。

```
#include<math.h>
int main( )
{
```

```
    int n;
    scanf("%d",&n);
    printf("%d=",n);
    if(n<0) printf("-");
    n=fabs(n);
    fun(n);
    return 0;
}


void fun(int n)
{
    int k,r;
    for(k=2;k<=sqrt(n);k++)
    {
    r=n%k;
     while(r==0)
        {
            printf("%d",k);
            n=n/k;
            if(n>1)   printf(" * ");
            r=n%k;
        }
    }
if(n! =1) printf("%d\n",n);
}
```

(4)若输入一个整数 10,以下程序的运行结果是_____。

```
int main()
{
    int a,e[10],c,i=0;
    scanf("%d",&a);
    while(a! =0)
    {
        c=sub(a);
        a=a/2;
```

```
            e[i]=c;
            i++;
        }
    for( ;i>0;i--)
        printf("%d",e[i-1]);
    return 0;
    }
sub(int a)
    {   int c;
        c=a%2;
        return  c;
    }
```

7.4　编写程序

(1)编写函数 digit(n),求任意一个整数 n 的位数,如 digit(5467)=4。

(2)编写函数 check(n,d),它的函数值是返回整数 n 的从右边开始数第 k 个数字的值,如 check(15327,4)=5。

(3)编写函数计算 x 的 n 次方。

(4)采用定义函数,实现验证哥德巴赫猜想程序,比较与上一章中完成的程序的不同。

(5)编写函数实现第六章习题中的 18,19,20,21 题,比较与上一章所完成对应程序的不同。

(6)编写程序输出 3 到 10 000 内的可逆素数。可逆素数是指:一个素数将其各位数字的顺序倒过来构成的反序数也是素数。如 157 和 751 均为素数,它们是可逆素数。

要求:使用子函数实现,至少两个子函数。其他自便。

8 数组

8.1 概述

前面各章所使用的数据都属于基本数据类型(整型、实型、字符型),C 语言除了提供基本数据类型外,还提供了构造类型的数据,它们是数组类型、结构体类型、共同体类型。构造数据类型是由基本数据类型的数据按照一定的规则组成,所以也称为"构造出的类型"。

8.1.1 为什么要构造出数组类型

例 8-1:从键盘输入 3 个整数,按从小到大的顺序输出。

```
#include " stdio.h"
void main(void)
{
    int a,b,c,temp;
    printf("input three numbers:      ");
    scanf("%d%d%d",&a,&b,&c);
    if(a>b)
        {temp=a;a=b;b=temp}
    if(a>c)
        {temp=a;a=c;c=temp}
    if (b>c)
        {temp=b;b=c;c=temp}
    printf("%d%d%d%d",&a,&b,&c);
}
```

分析:

(1)若题目数据个数增加,4 个数,5 个数,进行从小到大顺序输出,怎么处理;

(2)发现程序是周而复始的在执行两个数据的比较,然后交换存储位置;

(3)周而复始的执行相似的一段程序代码,就要考虑到是否可以用循环程序结构来处理；

（4）目前这种状态是不能处理的，因为三段相似的代码没有一个规律可以统一到一段代码上；

（5）创造出一个规律来，让 a，b，c 三个变量数据存储空间连续的排列在一起。

8.1.2　数组的特点

（1）数组：一组具有相同数据类型的数据的有序集合。

（2）数组元素：数组中的元素。数组中的每一个数组元素具有相同的名称，但不同的下标。数组的元素可以作为单个变量使用。在定义一个数组后，数组中各元素在内存中使用一片连续的空间依次存放，其共同的名称就是数组名。

（3）数组的下标：数组元素的位置的一个索引或指示。

（4）数组的维数：数组元素下标的个数。根据数组的维数可以将数组分为一维、二维、三维、多维数组。

8.1.3　结论

（1）数组是为了批量处理数据方便而构造出的一种数据类型。

（2）数组元素的特点是规律存储，具有相同的名称，便于设计出利用循环结构去处理数组的程序。

（3）循环结构处理问题简捷明了。

8.2　一维数组

一维数组中的各个数组元素只有一个下标，元素是排成一行的，用一个统一的数组名来标识，用一个下标来指示其在数组中的位置。下标从 0 开始。一维数组通常和一重循环相配合，对数组元素进行处理。

8.2.1　一维数组的定义

定义一维数组的格式：类型说明 数组名[整型常量表达式]

例如：int a[10]；定义了一个数组 a，元素个数为 10，数组元素类型为整型。

说明：

（1）数组名：按标识符规则。本例 a 就是数组名。

（2）整型常量表达式：表示数组元素个数（数组的长度）。可以是整型常量或符号常量，不允许用变量。整型常量表达式在说明数组元素个数的同时也确定了数组元素下标的范围，下标从 0 开始取值，下标值的范围是 0~5 整型常量表达式–1 之间。C 语言不检查数组下标越界，但是一般不能越界使用，否则结果难以预料。

（3）类型说明：指的是数据元素的类型，可以是基本数据类型，也可以是构造数据类型。类型说明确定了每个数据占用的内存字节数。

（4）C 编译程序为数组分配了一片连续的空间，每个元素在内存中的地址与其前后元素的地址相差一个存储单位（这个特点很重要）。

（5）C 语言还规定，数组名是数组的首地址，即 a=&a[0]；

（6）数组的每个元素与同类型的普通变量具有共同的特征。

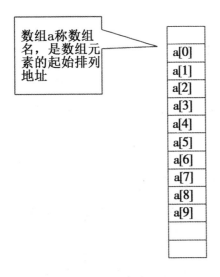

8.2.2　一维数组的初始化

数组可以在定义时初始化，给数组元素赋初值。

数组初始化常见的几种形式：

（1）如果在定义数组时，对数组所有元素赋初值，则数组定义中数组长度可以省略。

例如：int a[5]={1,2,3,4,5}；或 int a[ ]={1,2,3,4,5}；

（2）如果定义数组时对数组部分元素赋初值，则数组长度不能省略。

例如：int a[5]={1,2}；

a[0]=1,a[1]=2,其余元素为编译系统指定的默认值0。

(3)定义数组时对数组的所有元素赋初值0。

例如：int a[5]={0}；

注意：如果不进行初始化，如定义 int a[5]；那么数组元素的值是随机的，数组和普通类型变量具有共同属性特征，不要指望编译系统会将数组的值设置为默认值0。

8.2.3　数组元素的引用

数组元素的引用形式：数组名[下标]

注意：数组元素引用时，下标为整型的表达式，可以使用变量。

例 8-2：数组元素的引用例子。

```
void main(void)
{   int a[10],b[5]={55,44,33,22,11},i;
    for(i=0;  i<10;i++)
    {
        a[i]=i+1;
        printf( "%4d",a[i]);
    }
    printf( "\n" );
    for(i=0;  i<5;i++)
    {
        printf( "%4d",b[i]);
    }
    printf( "\n" );
}
```

> a[1]可以赋值， i 是整形输出

> a[1]可以被输出

说明：

(1)对数组的使用是通过对数组中每个元素的使用来完成的，没有办法一次整体使用数组。

(2)数组元素的引用是通过数组名及数组元素的下标值来实现的。下标可以是整型常数、已经赋值的整型变量或整型表达式。

(3)数组元素本身可以看作是同一个类型的单个变量，因此对变量可以进行的操作同样也适用于数组元素，也就是数组元素可以在任何相同类型变量可以使用的位置引用。

(4)引用数组元素时，下标不能越界。C 语言中不做下标是否越界检查，因此越界错误只能在程序运行期间发现，结果难以预料，C 下标使用范围从 0

~n-1(n 为数组元素个数);

8.2.4　一维数组的应用

例 8-3:从键盘输入 5 个整型数据,找出其中的最大值并显示出来。

```c
#include "stdio.h"
void main(void)
{    int a,b,c,d,e,max;
    printf("下面输入 5 个整数:");
    scanf("%d%d%d%d%d",&a,&b,&c, &d,&e);
     max=a;
    if(b>max)
      max=b;
    if(c>max)
      max=c;
    if(d>max)
      max=d;
    if(e>max)
      max=e;
    printf("max=%d\n",max,);
}

    #include "stdio.h"
void main(void)
{
    int a[5],i,max;
    printf("下面输入 5 个整数:");
    for (i=0;i<5;i++)
      scanf("%d",&a[i]);
    max=a[0];
    for (i=1;i<5;i++)
      if(a[i]>max)
      max=a[i];
    printf("max=%d\n",max,);
}
```

思考:不但要找到最大数,而且要指出最大数的原始位置。

例 8-4:输入全班同学 C 语言期末成绩,打印大于平均成绩的以上同学的成绩,并统计数量。

```c
#include "stdio.h"
void main(void)
{
float a[100],ave=0.0,sum=0.0;
int i,stu_num,count=0;
while(1)
{  printf("输入学生人数");
    scanf("%d",&stu_num);
    if (stu_num>=1 && stu_num<=100)
      break;
    else
      printf("重新输入正确的人数");  }
for(i=0;i<stu_num;i++)
  {  scanf("%f",&a[i]);  sum+=a[i];  }
ave=sum/stu_num;
for(i=0;i<stu_num;i++)
  if (a[i]>ave)  {  printf("%f",a[i]);  count++;  }
printf("%d",count);  }
```

例 8-5:任意输入的 3 个整数按由小到大的顺序排序。

```c
#include "stdio.h"
void main(void)
{
    int a,b,c,temp;
    printf("input three numbers:    ");
    scanf("%d%d%d",&a,&b,&c);
    if(a>b)
      {temp=a;a=b;b=temp}
    if(a>c)
      {temp=a;a=c;c=temp}
    if (b>c)
      {temp=b;b=c;c=temp}
    printf("%d%d%d%d",&a,&b,&c);
```

}

分析：

(1)3个数时,我们通过两两比较的方式来完成排序,对第一个数比较了2次,第二数比较了1次;然后第3个数自然有序了。

(2)随着数据量增加,比较次数会增加;例如5个数时,对第一个数比较4次;第二数要比较3次;第三个数要比较2次;第四个数要比较1次;然后第五个数自然有序。

(3)总结一个排序规律。

＊＊冒泡法排序思路——通过两两比较交换位置的方式将要选择的数放到后面去：

S_0(第0步):将 n 个数,从前向后,将相邻两个数进行比较(共比较 $n-1$ 次),将小数交换到前面(将大数交换到后面),逐次比较,直到将最大的数移到最后;(此时最大的数在最后,固定下来,目前固定1个大数)。

S_1(第1步):将前面 $n-1$ 个数,从前向后,将相邻两个数进行比较(共比较 $(n-1)-1=n-2$ 次),将小数交换到前面(将大数交换到后面),逐次比较,直到将次大的数移到倒数第二个位置;(此时次大的数在倒数第二个位置,同样也固定下来,目前固定2个大数)。

S_2(第2步):将前面 $n-2$ 个数,从前向后,将相邻两个数进行比较(共比较 $(n-2)-1=n-3$ 次),将小数交换到前面(将大数交换到后面),逐次比较,直到将第三大数移到倒数第三个位置;(此时第三大数在倒数第三个位置,同样也固定下来,目前固定了3个大数)。

…………

依照上面的规律:S_i(第 i 步):前面已经固定了 i 个大数 将前面 $p=n-i$ 个数,从前向后,将相邻两个数进行比较($n-i-1$ 次),将小数交换到前面(将大数交换到后面),逐次比较,直到将第 $i+1$ 大数移到倒数第 $i+1$ 个位置;(大数沉底)

…………

S_{n-2}(第 $n-2$ 步):将最后2个数进行比较(比较1次),交换。此时,所有的整数已经按照从小到大的顺序排列。

总结：

(1)从完整的过程(步骤 S_0-S_{n-2})可以看出,排序的过程就是大数沉底的过程(或小数上浮的过程),总共进行了 $n-2-0+1=n-1$ 次,整个过程中的每个步骤都基本相同,可以考虑用循环实现—外层循环。

(2)从每一个步骤看,相邻两个数的比较,交换过程是从前向后进行的,也是基本相同的,共进行了 $n-i-1$ 次,所以也考虑用循环实现—内层循环。

(3)考虑到批量数据处理,又要用到循环结构,所以引入数组存放批量数据。数据交换过程也在数组内部完成,不额外增加内存空间使用。

```c
#include "stdio.h"
#define N 10
void main(void)
{
    int a[10],i,j,t;
    for(i=0; i<N;  i++)
        scanf(&a[i]);

    for(i=0; i<N-1;  i++)          // N 个数,要 N-1 轮循环才能完成排序
            for(j=0;  j<N-1-i; j++)   // 第 i 轮循环,已经有 i 个数确定了,还剩 N-i 个数
                if(a[j]>a[j+1])
                {
                    t=a[j];a[j]=a[j+1];a[j+1]=t;
                }

    for(i=0;  i<N;  i++)
        printf(a[i]);
}
```

**用选择法对 10 个整数按由小到大的顺序排序。

选择法排序思路——针对当前的位置,从批量数据中选择一个适合当前位置的数据,放在这个位置上:

S_0:将 n 个数依次比较,保留最小数的下标(位置),然后将最小数和第 0 个数组元素交换位置。(此后可以固定第 0 个数组元素)

S_1:将后面 $n-1$ 个数依次比较,保留次小数的下标(位置),然后将次小数与第 1 个数组元素交换位置。(此后可以固定第 1 个数组元素)

S_2:将后面 $n-2$ 个数依次比较,保留第 3 小数的下标(位置),然后将第 3 小数与第 2 个数组元素交换位置。(此后可以固定第 1 个数组元素)

......

按照此规律:

S_i:将后面 $n-i$ 个数依次比较,保留第 $i+1$ 小数的下标(位置),然后将第 $i+1$ 小数与第 i 个数组元素交换位置。

…………

S_{n-2}:将最后面 2 个数(因为 $n-i=2$,所以 $i=n-2$)比较,保留第 $n-2+1=n-1$ 小数的下标,然后将第 $n-1$ 小数与第 $n-2$ 个数组元素交换位置。

分析:

(1)从完整的过程(步骤 S_0-S_{n-2})可以看出,选择排序的过程就是选择较小数并交换到前面的过程,总共进行了 $n-2-0+1=n-1$ 次,整个过程中的每个步骤都基本相同,可以考虑用循环实现—外层循环。

(2)从每一个步骤看,针对当前的位置,在批量数据中搜索小数,共进行了 $n-i-1$ 次比较,并记录其下标,最后将小数和当前位置上的数据进行交换,(只进行 1 次数据交换)。所以也考虑用循环完成—内层循环。

(3)为了便于算法的实现,考虑使用一个一维数组存放这 10 个整型数据,排序的过程中数据始终在这个数组中(原地操作,不占用额外的空间),算法结束后,结果也在此数组中。

```c
#include " stdio.h"
#define N 10
void main( void)
{
int b[ 10] ,i,j,k,t;
    for(i=0;  i<N;  i++)
        scanf(“%d”,&b[i]);
    for(i=0;  i<N-1;  i++)
        {
            k=i;                    // 第 i 次找小数,先假设 k 就是小数所在位置下标,打擂法
            for(j=i+1;j<N;  j++)    //在批量数据中打擂,从 b[i+1] 开始,到 b[N-1] 结束
                if(b[j]<b[k])        // 如果某个元素<当前最小值
                    k=j;             // 记录新擂主下标,继续打擂
    if( k! =i )
    {t=b[i];  b[i]=b[k];  b[k]=t;}    // 交换擂主和曾经假设的擂主位置
        }
```

```
for(i=0; i<N; i++)
    printf("%d",b[i]);
}
```

8.3 二维数组

前面我们学习了对于批量的同类型数据的处理。采用一维数组进行集中存放、循环处理是十分方便的,那么对于下面形式的批量数据又该如何处理呢?

姓名	高等数学	大学英语	高级语言程序
王亮	85	90	92
李晓	90	85	89
张军	82	85	87
陈丽	98	87	90

图 8-1 课程成绩单

图 8-1 为一成绩单数据,对于这 12 个成绩数据,当然可以仿照前面的处理方法,定义一个包含 9 个元素的一维数组来依次存放这些成绩,但现在我们若想求得高级语言程序设计的平均成绩时,程序该怎么处理,同样,我们要计算某一位学生的全部成绩之和又该怎么处理? 显然我们现在要处理的批量数据,不仅仅具有数据数值的意义,还有和数值相关联的其他含义,在这张表中主要包含姓名和课程两个属性含义,为此我们必须定义一个新的批量数据处理方法。

二维数组:数组元素是双下标变量的数组。二维数组的数组元素可以看作是排列为行列的形式,行代表一种属性含义,列代表另一种属性含义。二维数组也用统一的数组名来标识,第一个下标表示行,第二个下标表示列。下标均是从 0 开始。

8.3.1 二维数组的定义

类型说明符 数组名[整型常量表达式 1] [整型常量表达式 2];
例如:int b[3][3];

b[0][0]	b[0][1]	b[0][2]
b[1][0]	b[1][1]	b[1][2]
b[2][0]	b[2][1]	b[2][2]

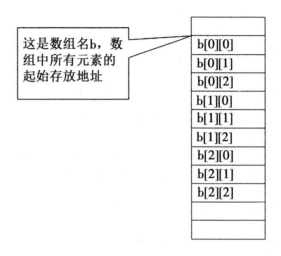

这是数组名b，数组中所有元素的起始存放地址

b[0][0]
b[0][1]
b[0][2]
b[1][0]
b[1][1]
b[1][2]
b[2][0]
b[2][1]
b[2][2]

说明：

(1)二维数组中的每个数组元素都有两个下标,且必须分别放在单独的"[ ]"内。

(2)二维数组定义中的数组名后第1个下标表示该数组具有的行数,第2个下标表示该数组具有的列数,两个下标之积是该数组具有的数组元素的个数。

(3)二维数组中的每个数组元素的数据类型均相同。我们知道计算机的存储地址空间是一维线性的地址空间,那么如何在一维线性空间中去存储二维属性数据呢,我们采用降维处理,C语言中二维数组的存放规律是"按行优先排列",逐行去存储。

(4)二维数组经过降维处理后存放到内存中,那么存储的结果和一维数组又具有相同的特征,但二维数组的附加属性特征又不能缺少,为此二维数组可以看作是数组元素为一维数组的数组。

(5)虽然在内存中一维数组、二维数组都是元素从数组名开始连续的存放在线性的存储空间内,但是一维、二维数组各自表述的逻辑含义是不相同的。

①一维数组中,数组名 a 我们称为领队,是个地址常量,是数据元素的起始地址;二维数组中,数组名 b 我们仍然称为领队,但领队级别提高了,相当于

总领队,总领队负责领几个小队。在二维数组中,每一行相当于一个小队。总领队也是一个地址常量,也有一个起始地址。

②二维数组中用 b[0],b[1],b[2] 表示三个小队,是小队长,是地址常量,相当于一维数组中数组的名字;而这三种表示在一维数组中,表示的则是数组中的数据元素,是数值概念。因而,二维数组中 b[0]+1 不是 b[1],而是该小队中第 2 个元素的地址,因此小队长的地址具有列兵地址属性,我们称为列地址类型;注意,在一维数组中的 a[0]+1 则表示的是当前元素值+1。

③此外,在二维数组中总领队默认的情况下始终与第 1 小队的第 1 个队员站在同一个位置,也就有 b=b+0=b[0]=&b[0][0];但是,总领队移动的步伐是以小队为单位的,而小队长移动的步伐是以该小队队员为单位,也就是 b+1 表示的是总领队移动到第 2 小队起始位置,在数值上 b+1=b[1]=&b[1][0],但各自逻辑含义各有不同,(b+1)+1≠b[1]+1;一维数组中 a 领队直接与队员站在一起 a=a+0=&a[0],a 领队移动的步伐是以队员为单位的,a+1=&a[1]。

④二维数组中 b+0,b+1,b+2 我们称为二维数组中以行为变化单位的行地址,b+0=&b[0];b+1=&b[1];b+2=&b[2];这个表达式仅仅描述的是列兵地址到小队地址的一种转换形式,不具有实际含义。

⑤二维数组中的第一位队员和第二位队员可以表示为 b[0][0] 和 b[0][1],队员地址的表示是 & b[0][0] 和 & b[0][1]。

8.3.2　二维数组的初始化

二维数组的初始化有几种常见形式:
(1)使用分行的形式给二维数组的所有元素赋初值。
例如:int b[3][3]={{1,2,3},{4,5,6},{ 7,8,9}};
(2)使用不分行的形式给二维数组的所有元素赋初值。
例如:int b[3][3]={1,2,3,4,5,6,7,8,9};
(3)如果给二维数组的所有元素赋初值,则二维数组第一维的长度可以省略。

(编译程序可计算出长度)
例如:int b[ ][3]={1,2,3,4,5,6,7,8};
或:int a[ ][3]={ {1,2,3},{4,5,6},{ 7,8,9}};
(4)对二维数组的部分元素赋初值
例如:int a[3][3]={{1,2},{5}};

8.3.3　二维数组元素的引用

定义了二维数组后,就可以引用该数组的所有元素。引用形式:数组名[下标1][下标2]

例8-6:输入并打印如8.3节所示本学期所选课程的成绩单。

```
#include "stdio.h"
void main( )
{
float a[50][3];  /* 其中行下标记录学生人数,列下标记录所选课程
成绩 */
int i,j;
printf("依次输入所有同学的成绩\n");
printf("输入顺序高等数学成绩,大学英语成绩,高级语言程序设计\n");
for(i=0;i<50;i++)
   scanf("%f",a[0]+i);
printf("学生,高等数学成绩,大学英语成绩,高级语言程序设计\n");
for(i=0;i<50;i++)
   {
   printf("%d",i+1);
   for(j=0;j<3;j++)
     printf(" %f ",a[i][j]);
   printf("\n");
   }
}
```

8.3.4　二维数组应用举例

分析:先考虑如果是在一维数组找最大值如何实现,再考虑找出矩阵所有元素中的最大值的算法。

例8-7:找出矩阵所有元素中的最大值。

```
#include "stdio.h"
void main( )
{  int a[3][4]; int i,j,max,s,t;
printf("输入矩阵中元素的值");
for(i=0;i<3;i++)
```

```
        for(j=0;j<4;j++)
          scanf("%d",&a[i][j]);
      max=a[0][0];
    for(i=0;i<3;i++)
        for(j=0;j<4;j++)
          if(a[i][j]>max)
            { s=i;  t=j;  max=a[i][j];  }
    printf("最大的数在%d行,%d列,值为%d",s,t,max);   }
```

例 8-8:用例 8-6 的成绩单计算每个同学的总成绩,并进行从高到低的排序。

```
#include "stdio.h"
void main()
{ float a[50][4],sum,b[5];  //设班级有50名同学,选择3门课程,最
后1列记录总成绩
int i,j,k;
printf("输入");
for(i=0;i<50;i++)
    { sum=0.0;
      for(j=0;j<3;j++)
        { scanf("%d",&a[i][j]);
          sum+=a[i][j];
        }
      a[i][3]=sum;
    }
for(i=0;i<50-1;i++)
    for(j=0;j<50-i-1;j++)
      if(a[j][3]<a[j+1][3])
          for(k=0;k<4;k++)
            {
              b[k]=a[j][k];
              a[j][k]=a[j+1][k];
              a[j+1][k]=b[k];
            }
for(i=0;i<50;i++)
```

```
      }
    for(j=0;j<4;j++)
       printf("排序后的成绩%f ",a[i][j]);
    printf("\n");
    }
  }
```

8.3.5 多维数组

当数组元素的下标在 2 个或 2 个以上时,该数组称为多维数组。其中以二维数组最常用。定义多维数组:类型说明 数组名[整型常数 1][整型常数 2]…[整型常数 k];

例如:int a[2][3][3];

定义了一个三维数组 a,可以理解为是记录每一页、每一行、每一列上的元素值,其中每个数组元素为整型。总共有 2 ×3 ×3 = 18 个元素。

说明:

(1)对于三维数组,整型常数 1,整型常数 2,整型常数 3 可以分别看作"深"维(或"页"维)、"行"维、"列"维。可以将三维数组看作是一个元素为二维数组的一维数组。三维数组在内存中先按页、再按行、最后按列存放。

(2)多维数组在三维空间中不能用形象的图形表示。多维数组在内存中排列顺序的规律是:第一维的下标变化最慢,最右边的下标变化最快。

(3)多维数组的数组元素的引用:数组名[下标 1][下标 2]…[下标 k]。多维数组的数组元素可以在任何相同类型变量可以使用的位置引用。只是同样要注意不要越界。

8.4   一维字符数组

字符数组:存放字符型数据的数组。其中每个数组元素存放的值都是单个字符。

字符数组分为一维字符数组和多维字符数组。一维字符数组常常存放一个字符串,二维字符数组常用于存放多个字符串,可以看作是一维字符串数组。

8.4.1   字符数组的定义、初始化及引用

字符数组也是数组,只是数组元素的类型为字符型,所以字符数组的定

义、初始化、字符数组数组元素的引用与一般的数组类似。(定义时类型说明符为 char,初始化使用字符常量或相应的 ASCII 码值,赋值使用字符型的表达式,凡是可以用字符数据的地方也可以引用字符数组的元素。)

例如:

char c1[10],str[5][10];

char c2[3]={´r´,´e´,´d´};或 char c2[]={´r´,´e´,´d´};

printf("%c%c%c\n",c2[0],c2[1],c2[2]);

8.4.2 字符串与字符数组

8.4.2.1 字符串与字符数组

字符串常量:字符串是用双引号括起来的若干有效的字符序列。C 语言中,字符串可以包含字母、数字、符号、转义符。

字符数组:存放字符型数据的数组。用于存放字符序列,或由字符序列所构成的字符串。

C 语言没有提供字符串变量(存放字符串的变量),对字符串的处理常常采用字符数组实现,因此也有人将字符数组看作是为字符串变量。C 语言的许多字符串处理库函数既可以使用字符串,也可以使用字符数组。

为了处理字符串方便,C 语言规定以'\0'(ASCII 码为 0 的字符)作为"字符串结束标志"。"字符串结束标志"占用一个字节。对于字符串常量,C 编译系统自动在其最后字符后,增加一个结束标志;对于字符数组,如果用于处理字符串,在有些情况下,C 系统会自动在其数据后自动增加一个结束标志,在更多情况下结束标志要由程序员自己负责(因为字符数组不仅仅用于处理字符串)。如果不是处理字符串,字符数组中可以没有字符串结束标志。

例如:

char str1[]={´M´,´y´,´N´,´a´,´m´,´e´};

str1:字符数组,占用空间 6 个字节

M	y	N	a	m	e

char str2[]="MyName";占用空间 7 个字节

M	y	N	a	m	e	\0

8.4.2.2 字符数组的初始化

(1)以字符常量的形式对字符数组初始化。一般数组的初始化方法是给各个元素赋初值。

注意:这种方法,系统不会自动在最后一个字符的后面加´\0´。

例如：

char str1[ ]={´M´,´y´,´N´,´a´,´m´,´e´};或 char str1[6]={´M´,´y´,´N´,´a´,´m´,´e´};没有结束标志。如果要加结束标志,必须明确指定。char str1[ ]={´M´,´y´,´N´,´a´,´m´,´e´,´\0´};此外,char str2[100]={´C´,´H´,´I´,´N´,´A´};还有 95 个字节暂时未使用,初始化为 0,相当于有字符串结束标志。

(2)以字符串(常量)的形式对字符数组初始化。

例如：

char str1[ ]={"MyName"};或 char s1[7]="MyName";

说明：以字符串常量形式对字符数组初始化,系统会自动在该字符串的最后加入字符串结束标志;以字符常量形式对字符数组初始化,系统不会自动在最后加入字符串结束标志。

8.4.2.3 字符数组的输入输出

(1)逐个字符输入/输出:采用"%c"格式说明和循环,像处理数组元素一样输入输出。

例 8-9：

```
#include "stdio.h"
void main( void)
{   int i;
    char a[10];
    for(i=0;i<10;i++)
      scanf("%c",a[i]);
    for(i=0;i<10;i++)
      printf("%c",a[i]);
}
```

说明：

①格式化输入是缓冲方式读,必须在接收到"回车"时 scanf 才开始读取数据。

②读字符数据时,空格、回车都是有效字符,都可以保存进字符数组。

③如果按"回车"键时,输入的字符(包括"回车"键)少于 scanf 循环读取的字符时,scanf 继续等待用户将剩下的字符输入;如果按"回车"键时,输入的字符多于 scanf 循环读取的字符时,scanf 循环只将前面的字符读入。

④逐个读入字符结束后,不会自动在末尾加´\0´。所以输出时,最好也使用逐个字符输出。

(2)整串输入/输出:采用"%s"格式符来实现。

例 8-10：

```
#include "stdio.h"
void main(void)
{ char s[15];
  printf("input string:\n");
  scanf("%s",s);
  printf("%s\n",s);
}
```

说明：

①格式化输入输出字符串的格式说明符%s要求列出字符数组的首地址，即字符数组名或者第一个数组元素的地址。

②按照格式说明符%s格式化输入字符串时，输入的字符串中不能有空格（空格，Tab），空格被作为字符串输入的结束标志，空格后面的字符不能读入，scanf函数认为输入的是两个字符串。如果要输入含有空格的字符串可以使用gets函数。

③按照格式说明符%s格式化输入字符串时，并不检查字符数组的空间是否够用。如果输入长字符串，可能导致数组越界，应当保证字符数组分配了足够的空间。

④按照格式说明符%s格式化输入字符串时，自动在最后追加"字符串结束标志"。

⑤按照格式说明符%s格式化输入的字符串，既可以用"%s"输出该字符串，也可以用"%c"格式逐个输出该字符串的字符。

⑥不是按照格式说明符%s格式化输入的字符串在输出时，应该确保末尾有"字符串结束标志"。

8.5　常用字符串函数

字符串(字符数组)的处理可以采用数组的一般处理方法进行处理——对数组元素进行处理，这在对字符串中字符做特殊的处理时相当有效。同时，C语言库函数为我们提供了大量的字符串处理函数，可以随时用来处理字符串，但要注意库函数所在的头文件。

例 8-11：计算字符串的长度。

```
#include "stdio.h"
    void main(void)
```

```
{ char s[100]="Hello World!";
  int i;
  i=0;
  while(s[i]! ='\0')
    i++;
  printf("%d",i--);    }
#include "stdio.h"
#include "string.h"
void main(void)
{
  char s[100]="Hello World!";
  printf("%d",strlen(s));
}
```

(1)字符串输入 gets(str);

功能:从键盘输入一个字符串(可包含空格),直到遇到回车符,并将字符串存放到由 str 指定的字符数组(或内存区域)中。

参数:str 是存放字符串的字符数组(或内存区域)的首地址。函数调用完成后,输入的字符串存放在 str 开始的内存空间中。

(2)字符串输出 puts(str);

功能:从 str 指定的地址开始,依次将存储单元中的字符输出到显示器,直到遇到"字符串"结束标志。

注意:puts 将字符串最后的'\0'转化为'\n'并输出。

(3)求字符串的长度 strlen(str)。

功能:统计 str 为起始地址的字符串的长度(不包括"字符串结束标志"),并将其作为函数值返回。

(4)字符串连接函数 strcat(str1,str2)。

功能:将 str2 为首地址的字符串连接到 str1 字符串的后面。从 str1 原来的'\0'(字符串结束标志)处开始连接。

注意:

①str1——一般为字符数组,要有足够的空间,以确保连接字符串后不越界;

②str2——可以是字符数组名,字符串常量或指向字符串的字符指针(地址)。

(5)字符串复制函数 strcpy(str1,str2)。

功能:将 str2 为首地址的字符串复制到 str1 为首地址的字符数组中。

注意：

①str1——一般为字符数组，要有足够的空间，以确保复制字符串后不越界；

②str2—可以是字符数组名，字符串常量或指向字符串的字符指针（地址）。

字符串（字符数组）之间不能赋值，但是通过此函数，可以间接达到赋值的效果。

（6）字符串比较函数 strcmp(str1,str2)。

功能：将 str1,str2 为首地址的两个字符串进行比较，比较的结果由返回值表示。

当 str1 = str2,函数的返回值为:0。

当 str1 < str2,函数的返回值为:负整数（绝对值是 ASCII 码的差值）。

当 str1 > str2,函数的返回值为:正整数（绝对值是 ASCII 码的差值）。

字符串之间的比较规则：从第一个字符开始，对两个字符串对应位置的字符按 ASCII 码的大小进行比较，直到出现第一个不同的字符，即由这两个字符的大小决定其所在串的大小。字符串（字符数组）之间不能直接比较，但是通过此函数，可以间接达到比较的效果。

8.6 字符数组应用举例

例 8-12:由键盘任意输入一个字符串和一个字符,要求从该字符串中删除所指定的字符。

```c
#include <stdio.h>
void main( void)
{   char s[200] ,ch; int i,j;
    printf("输入一个原始字符串") ;
    gets(s) ;
    printf("输入要删除的字符") ;
    scanf("%c" ,&ch) ;
    for(i=0,j=0;i<strlen(s);i++)
        if(s[i]! =ch)
        { s[j] =s[i]; j++; }
    s[j] ='\0';
    puts(s) ;  }
```

例 8-13:由键盘输入三个字符串,找出其中的最大串。

```
#include" string.h"
void main( void)
{ char str1[15],str2[10],str3[20];
  printf("输入字符串\n");
  scanf("%s",str1);
  gets(st2);
  gets(str3)
  if(strcmp(str1,str2)>=0)
     if (strcmp(str1,str3)>=0)
            puts(str1);
     else
            puts(str3);
   else
      if (strcmp(str2,str3)>=0)
          puts(str2);
      else
          puts(str3);
}
```

例8-14:输入全班同学的名单,并按字母从小到大的顺序排列后输出。

```
#include" string.h"
void main( void)
{ int i,j,k;
  char str[50][20],temp[20];
  for(i=0;i<50;i++)
   {printf("输入第%d 个同学的姓名\n",i+1);
    gets(str[0]);
    }
  for(i=0;i<50-1;i++)
    { strcpy(temp,str[i]);
    for( j=i+1;j<50;j++ )
     if (strcmp(temp,str[j])>0)
        { strcpy(temp,str[j]);   k=j;   }
      if(k! =i)
          {   strcpy(temp,str[i]); strcpy(str[i],str[k]);   strcpy
```

```
(str[k],temp);  }
        }
    for(i=0;i<50;i++)
        puts(str[i]);
}
```

习题

8.1 选择题

(1)以下程序段给数组所有元素输入数据,应在下划线处填入的是
(   )。
main()
{ int a[10], i=0;
while(i<10) scanf("%d",_____);
⋮
}
A.a   B.&a[i]   C.a+i   D.&a[++i]

(2)若已定义:int a[ ]={0, 1, 2, 3, 4, 5, 6, 7, 8, 9}, i;其中0≤i≤9,
则对 a 数组元素的引用不正确的是(   )。
A.a[10]   B.a[i]   C.a[i+1]   D.a[8]

(3)若有说明 int a[3][4];则 a 数组元素的非法引用是(   )。
A.a[0][2*1]   B.a[1][3]   C.a[4-2][0]   D.a[0][4]

(4)在 C 语言中,引用数组元素时,其数组下标的数据类型允许是
(   )。
A.整型常量   B.整型表达式
C.整型常量或整型表达式 D.任何类型的表达式

(5)若有 char c[5]={'c','d','\0','e','\0'};则执行语句 printf("%s",
c);结果是(   )。
A.cd\0e   B.c''d'   C.cd   D.cd e

(6)在定义 int a[3][4][2];后,第 10 个元素是(   )。
A.a[2][1][2]   B.a[1][0][1]   C.a[2][0][1]   D.a[2][2][1]

(7)判断字符串 s1 与字符串 s2 相等,应当使用:(   )。
    A.if (s1 = s2)   B.f (strcmp(s1, s2))

C.if（! strcmp（s1, s2））D.if（strcmp（s1, s2）= 0）

（8）若要定义有 5 个元素的整型数组,下列定义错误的是（　　　）。

　　A.int a[5] = {0}；　　　　B.int b[ ] = {0,0,0,0,0}；

　　C.int c[2+3]；　　　　　　D.int N = 5；int d[N]

（9）以下能对外部的二维数组 a 进行正确初始化的语句是:（　　　）。

　　A.int a[2][ ] = {{1,0,1},{5,2,3}}；

　　B.int a[ ][3] = {{1,2,1},{5,2,3}}；

　　C.int a[2][4] = {{1,2,1},{5,2},{6}}；

　　D.int a[ ][3] = {{1,0,2},{ },{2,3}}；

（10）以下能正确定义数组并正确赋初值的语句是（　　　）。

　　A.int N = 5,b[N][N]；

　　B.int a[1][2] = {{1},{3}}；

　　C.int c[2][ ] = {{1,2},{3,4}}；

　　D.int d[3][2] = {{1,2},{34}}；

8.2　填空题

（1）系统总是为数组分配_____的一块内存。

（2）double x[3][5]；则 x 数组中行下标的下限为_____,列下标的上限为_____。

（3）以下函数用来求出两个整数之和,并通过形参将结果传回,请填空。

void　func（int x,int y,_____ z）

{ * z = x+y；}

（4）定义字符指针数组 arr,数组大小为 20,应写为_____。

（5）以下程序运行后的输出结果是_____。

```
int   main( )
{
    int i,n[ ] = {0,0,0,0,0}；
    for(i = 1；i<=4；i++)
    {   n[i] = n[i-1] * 2+1；
        printf("%d ",n[i])；
    }
    return 0；
}
```

（6）下面程序求矩阵 a 的主对角线元素之和,请将程序中空处补充完整。

```
int   main( )
{
    int a[3][3] = {2,4,6,8,10,12,14,16,18};
int sum=0,i,j;
    for(i=0;i<3; ① )
      for(j=0; ② ;j++)
        if(i= =j) sum=sum+ ③ ;
      printf("sum=%d\n",sum);
    return 0;
}
```

(7)若有定义语句:char s[100],d[100]; int j=0, i=0;,且 s 中已赋字符串,请填空以实现字符串拷贝。(注:不得使用逗号表达式)

while([i]){ d[j]=_____;j++;}

d[j]=0;

(8)若想通过以下输入语句使 a 中存放字符串"1234",b 中存放字符"5",则输入数据的形式应该是_____。

```
char a[10],b;
scanf("a=%sb=%c",a,&b);
```

8.3 阅读程序

(1)程序的运行结果是:_____。

```
#include <stdio.h>
int main( )
{
    int i, j, m;
    int a[2][5] = {1,20,32,14,5,62,87,38,9,10};
    m = a[0][0];
    for (i=0; i<2; i++)
    for (j=0; j<5; j++)
    if( m<a[i][j] ) m = a[i][j];
  printf("m = %d\n", m);
    return 0;
}
```

(2)以下程序运行后,输出结果是_____。

```c
int    main( )
{
    int y=18,t=0,j,a[8];
    do
    {   a[t]=y%2;t++;
        y=y/2;
    } while(y>=1);
    for(j=t-1;j>=0;j--)
        printf("%d",a[j]);
        printf("\n");
    return   0;
}
```

(3)以下程序的输出结果是_____。

```c
int main( )
{
    char s1[40]="country",s2[20]="side";
    int i=0,j=0;
    while(s1[i]!='\0')   i++;
    while(s2[j]!='\0') s1[i++]=s2[j++];
    s1[i]=0;
    printf("%s\n",s1);
    return 0;
}
```

(4)下列程序运行后的输出结果是_____。

```c
#include<string.h>
int    main( )
{   char arr[2][4];
    strcpy(arr,"you");strcpy(arr[1],"me");
    arr[0][3]='&';
    printf("%s\n",arr);
    return 0;
}
```

(5)写出程序的输出结果是_____。

```c
#include <stdio.h>
```

```
void main( void)
{
    int a[3] [3] = {1,3,5,7,9,11,13,15,11} ;
    int i, j, s1, s2;
    int t[3] [3] ;
    printf( "%d, %d,\n",s1, s2);
    for(i=0; i<3; i++)
      for(j=0; j<3; j++)
          printf( "%3d", t [j]) ;
}
```

8.4　编程题

(1)输入 20 个学生的成绩,求出其中大于平均成绩学生的人数,并对 20 名学生成绩按从高到低进行排序。

(2)输入 30 个数 $a_1, a_2, a_3, \cdots, a_{30}$,计算所有的 x 和 y。已知:$x_1 = \dfrac{a_1 + 2a_2 + a_3}{4}$,$x_2 = \dfrac{a_4 + 2a_5 + a_6}{4}$,$\cdots$,$x_{10} = \dfrac{a_{28} + 2a_{29} + a_{30}}{4}$;$y_1 = \dfrac{a_1 \times a_{30}}{a_{11}}$,$y_2 = \dfrac{a_2 \times a_{29}}{a_{12}}$,$\cdots$,$y_{10} = \dfrac{a_{10} \times a_{21}}{a_{20}}$。

(3)编程实现从键盘输入一个字符串,将其字符顺序颠倒后重新存放,并输出这个字符串。

(4)不用标准库函数 strcat,自己编写一个函数 MyStrcat,实现字符串链接功能,在主函数中输入两个字符串,然后调用函数 MyStrcat 将这两个字符串链接起来,并将结果显示到屏幕上。

已知函数 MyStrcat 的函数原型如下:

void MyStrcat(char dstStr[ ], char srcStr[ ]);

其中,dstStr 为目的字符串数组,srcStr 为源字符串数组。

(5)输入一行字符,统计其中的英文字符、数字字符、空格字符以及其他字符的个数。

(6)任意输入一个字符串,在星期表中查找该字符串,若找到,则打印"已找到",否则打印"没找到"。星期表定义如下:

char weekDay [7] [10] = { " Sunday" ," Monday" ," Tuesday" ," Wednesday" ," Thursday" ," Friday" ," Saturday"} ;

(7)完成程序使其实现求方阵主和辅对角线元素之和及其转置矩阵,设方阵用二维数组 a 表示,转置矩阵用 t 表示,sl 和 s2 表示主和辅对角线元素之和。

(8)用数组实现杨辉三角的打印输出,并与第六章比较。

(9)编写一个函数,判断 N×N 矩阵是否为上三角阵。所谓上三角阵,就是下半三角(指不含主对角线的)都是 0 的矩阵,分析矩阵元素为整型和实型数据时判断方法是否应有所不同。

(10)编程找到一个二维数组中的鞍点,即该位置上的元素在该行上最大,在该列上最小,也可能没有鞍点,没有鞍点时输出相应说明。

(11)求出某数组 a[5][5]每行元数的平均值。

(12)将二维数组 c[3][4]转换成一维数组[12]。

(13)有一个已经排好序的包含 15 个数的数组,输入一个数,要求用折半查找法找出该数是数组中的第几个元素的值。如果此数不在请打印"无此数"。

(14)编写程序模拟了骰子的 6000 次投掷,用 rand 函数产生 1~6 之间的随机数 face,然后统计 1~6 每一面出现的次数存放到数组 frequency 中。

(15)约瑟夫问题。m 个人围成一圈,从第一个人开始报数,数到 n 的人出圈。再由下一个人开始报数,数到 n 的人出圈,……,输出依次出圈人的编号。m 值预先选定,n 的值可由键盘输入,也可以尝试用函数完成此题目。m,n 都为参数。

(16)输入 20 个英文单词,将它们按字典次序排序后输出。

9 编译预处理

9.1 概述

编译预处理指令:C 源程序除了包含程序语句外,还可以使用各种编译预处理指令。编译预处理指令是给编译器的工作指令。这些编译指令通知编译器在编译工作开始之前对源程序进行某些处理。编译指令都是用"#"引导。

编译预处理:编译前根据编译预处理指令对源程序的一些处理工作。C 语言编译预处理主要包括宏定义、文件包含、条件编译。

编译工作实际分为两个阶段:编译预处理、编译。广义的编译工作还包括连接,见图 9-1。

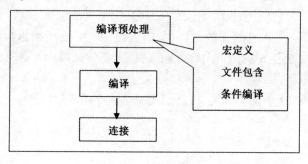

图 9-1　C 编译过程

9.2 宏定义

宏定义:用标识符来代表一个字符串(给字符串取个名字)。C 语言用"# define"进行宏定义。C 编译系统在编译前将这些标识符替换成所定义的字符串。

宏定义分为不带参数的宏定义和带参数宏定义。

9.2.1 不带参数宏定义

(1)不带参数宏定义格式: #define 标识符 字符串 其中:标识符—宏名。

(2)宏调用:在程序中用宏名替代字符串。

(3)宏展开:编译预处理时将字符串替换宏名的过程,称为宏展开。

例9-1:

```
#define PI 3.14
void main( void)
{
    float r=3,s,c;
    s=PI * r * r;   c=2 * PI * r;
    printf(r,s,c);
}
void main( void)
{
    float r=3,s,c;
    s=3.14 * r * r;   c=2 * 3.14 * r;
    printf(r,s,c);
}
```

说明:

(1)宏名遵循标识符规定,习惯用大写字母表示,以便区别普通的变量。

(2)#define 之间不留空格,宏名两侧空格(至少一个)分隔。

(3)宏定义字符串不要以分号结束,否则分号也作为字符串的一部分参加展开。从这点上看宏展开实际上是简单的替换。例如:#define PI 3.14;对语句"s=PI * r * r"进行宏展开后,将得到"s=3.14; * r * r"。

(4)宏定义是用宏名代替一个字符串,并不管它的数据类型是什么,也不管宏展开后的词法和语法的正确性,只是简单的替换。是否正确,编译时由编译器判断。例如:#define PI 3.14 照样进行宏展开(替换),是否正确,由编译器来判断。

(5)#define 宏定义的作用范围从定义命令开始到本源程序文件结束,可以通过#undef 终止宏名的作用域。

```
#define D 3.1
void main( void)
{   fun( );
    printf("%f",D);
}
#undef D
```

```
#define D "abc"
fun( )
{char * s = D;
    printf("%s\n",s);
}
```

(6)宏定义中,可以出现已经定义的宏名,还可以层层置换。

```
#define PI 3.14
#define R 3.0
#define L 2 * PI * R
#define S PI * R * R
main( )
{    printf("L=%f,S=%f",L,S); }
```

(7)宏名出现在双引号""括起来的字符串中时,将不会产生宏替换。

(8)宏定义是预处理指令,与定义变量不同,它只是进行简单的字符串替换,不分配内存。

(9)使用宏的优点:

①程序中的常量可以用有意义的符号代替,程序更加清晰,容易理解(易读)。

②常量值改变时,不要在整个程序中查找、修改,只要改变宏定义就可以。比如,提高 PI 精度值。

③带参数宏定义比函数调用具有更高的时间效率,因为相当于代码的直接嵌入。(空间效率:多次调用占用空间较多,一次调用没有什么影响)。

9.2.2　带参数宏定义

带参数宏定义不只是进行简单的字符串替换,还要进行参数替换。

9.2.2.1　带参数宏定义的格式

#define　宏名(参数表)　字符串

类似函数头,但是没有类型说明,参数也不要类型说明。

例 9-2:

#define S(a,b) a * b

其中 S—宏名,a,b 是形式参数。程序调用 S(3,2)时,把实参 3,2 分别代替形参 a,b。

area=S(3,2);等价于　area=3 * 2;

9.2.2.2　带参数宏定义展开规则

在程序中如果有带实参的宏定义,则按照#define 命令行中指定的"字符串"从左到右进行置换(扫描置换)。如果串中包含宏定义中的形参,则将程序中相应的实参代替形参,其他字符原样保留,形成了替换后的字符串。

注意:还是一个字符串的替换过程,只是将形参部分的字符串用相应的实参字符串替换。

例9-3:用带参数宏定义表示两数中的较大数。

```
#defineMAX(a,b)    (a>b)?a:b
main()
{
  int i=15,j=20,
  printf("MAX=%d\n",MAX(i,j));  ==> printf "MAX=%d\n",(i>j)?i:j;
}
```

宏展开:
a,b用i,j 替换,
其他照抄

注意:

(1)正因为带参宏定义本质还是简单字符替换,所以容易发生错误。

#define S(a,b) a*b

程序中 area=S(a+b,c+d);=>area=a+b*c+d;明显和我们的意图不同。

例如:宏定义的字符串中的形参用( )括号括起来,即

#define S(a,b)(a)*(b)

此时程序中

area=S(a+b,c+d);等价于 area=(a+b)*(c+d);符合我们的意图。

为了避免出错,建议将宏定义"字符串"中的所有形参用括号括起来。以后,替换时括号作为一般字符原样照抄,这样用实参替换时,实参就被括号括起来作为整体。不至于发生类似错误。

(2)定义带参数宏时还应该注意宏名与参数表之间不能有空格。有空格就变成了不带参数的宏定义。

例如:#define S (r) PI*r*r

area=S(3.0);宏展开后是这样的:area=(r) PI*r*r(3.0);

(3)带参数的宏定义在程序中使用时,它的形式及特性与函数相似,但本质完全不同。区别在下面几个方面:

①函数调用的情况是,在程序运行时先求括号内表达式的值,然后将值传递给形参;而带参宏展开只在编译时进行简单的字符置换。

②函数调用是在程序运行时处理的,在堆栈中给形参分配临时的内存单元;宏展开是在编译时进行,展开时不可能给形参分配内存,也不进行"值传

递",也没有"返回值"。

③函数的形参要定义类型,且要求形参、实参类型一致。宏不存在参数类型问题。

例如:程序中可以 MAX(3,5)也可以 MAX(3.4,9.2)。

(4)许多问题可以用函数也可以用带参数的宏定义。

(5)宏占用的是编译时间,函数调用占用的是运行时间。在多次调用时,宏使得程序变长,而函数调用不明显。

9.3 文件包含

文件包含:一个 C 源文件可以使用文件包含命令将另外一个 C 源文件的全部内容包含进来。

格式:#include"文件名"或#include <文件名>

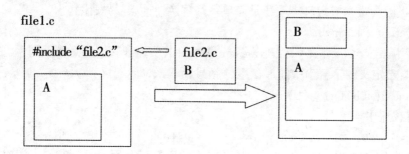

说明:

(1)被包含的文件常常被称为"头文件"(#include 一般写在模块的开头)。头文件常常以".h"为扩展名(也可以用其他的扩展名,.h 只是习惯或风格)。

(2)一条#include 只能包含一个头文件,如果要包含多个头文件,使用多条#include 命令。

(3)被包含的头文件可以用""括起来,也可以用<>括起来。区别在于:<>先在 C 系统目录中查找头文件,""先在用户当前目录查找头文件。习惯上,用户头文件一般在用户目录下,所以常常用"";系统库函数的头文件一般在系统指定目录下,所以常常用<>。

(4)头文件的应用,在多模块应用程序的开发上,经常使用头文件组织程序模块。

①头文件成为共享源代码的手段之一。程序员可以将模块中某些公共内容移入头文件,供本模块或其他模块包含使用。比如,常量,数据类型定义。

②头文件可以作为模块对外的接口。比如,可以供其他模块使用的函数、全局变量声明。

9.4　条件编译

一般情况下,对 C 语言程序进行编译时,所有的程序都要参加编译,但有时候,程序员可以通过定义不同的宏来决定编译程序对哪些代码进行处理。条件编译指令将决定哪些代码被编译,而哪些是不被编译的。可以根据表达式的值或者某个特定的宏是否被定义来确定编译条件。

条件编译指令主要有下三种形式:

(1)#ifdef 标识符。

程序段 1

　　#else

程序段 2

#endif

功能:如果指定的标识符已被定义,则编译程序段 1,不编译程序段 2,否则不编译程序段 1,直接编译程序段 2。

```
#define DEBUG            //此时#ifdef DEBUG 为真
int main( )
{   #ifdef DEBUG
        printf( "Debugging\n" ) ;
    #else
        printf( "Not debugging\n" ) ;
    #endif
    printf( "Running\n" ) ;
    return 0;    }
```

(2)#if 常量表达式。

　　程序段 1

#else

　　程序段 2

#endif

说明:如果常量表达式为"真",则仅编译程序段 1,否则仅编译程序段 2

```
#define DEBUG    1
main( )
{    #if DEBUG
        printf("Debugging\n") ;
    #else
        printf("Not debugging\n") ;
    #endif
    printf("Running\n") ;}
```

(3)#ifndef 标识符。

　　程序段1
#else
　　程序段2
#endif

说明:该指令跟第一种编译命令的作用刚好相反,如果标识符没有被定义,则仅编译程序段1,否则仅编译程序段2。

习题

9.1　选择题

(1)有以下程序:
```
#define F(X,Y)(X) * (Y)
main( )
{int a=3, b=4;
printf("%d\n", F(a++, b++));
}
```
程序运行后的输出结果是(　　)。
A.12　　B.15　　C.16　　D.20

(2)以下有宏替换不正确的叙述(　　)。
　　A.宏替换不占用运行时间
　　B.宏名无类型
　　C.宏替换只是字符串替换
　　D.宏名必须用大写字母表示

(3)下面程序的输出结果是(　　)。

```
#define   POWER(x) (x*x)
main( )
{  int i=4; printf("%d",POWER(i-2)); }
```
A.-9　　B.-7　　C.5　　D.-6

(4)宏定义#define PI 31.14159 中,宏名 PI 代替(　　)。

A.单精度　　B.双精度　　C.常量　　D.字符串

(5)设有以下宏定义:#define N 3
　　　　　　　　　　#define Y(n)　((N+1)*n)

执行语句 z=2*(N+Y(5+1));后,z 的值为(　　)。

A.出错　　B.42　　C.48　　D.54

(6)宏定义的宏展开是在(　　)阶段完成的。

　　A.第一遍编译　　　　　　B.第二遍编译
　　C.程序执行　　　　　　　D.预编译

(7)编译预处理命令以(　　)结尾。

A.;　　B..　　C.\　　D.回车

(8)对于以下定义:

```
#define SQ(x)     x*x
#define DD(x,y)    SQ(x)-SQ(y)
```

宏调用 DD(2*3,2+3)执行后值为(　　)。

A.11　　B.43　　C.25　　D.以上均不对

9.2　填空题

(1)程序中有定义:#define S(r)　r/r
　　　　　　　　　　int a=4,b=3,area;

则表达式 area=S(a+b)的值为_____。

(2)若有以下宏定义:#define　STR　"%d,%c"
　　　　　　　　　　#define　A　97

已知字符 a 的 ASCII 码值为 97,则语句 printf(STR,A,A+2);的输出结果
为_____。

(3)以下程序的输出结果是_____。

```
#include <stdio.h>
#define M(x,y,z)   x*y+z
int main( )
{  int a=1,b=2,c=3;
```

```
    printf("%d\n",M(a+b,b+c,c+a));
    return 0;
}
```

(4)下列程序执行后的输出结果是_____。

```
#include<stdio.h>
#define MA(x)    x * (x-1)
int main()
{   int a=1,b=2;
    printf("%d\n",MA(1+a+b));
return 0;
}
```

(5)C语言中,宏定义有效范围从定义处开始,到本源程序结束处中止,但可以用_____来提前解除宏定义的作用。

10 指针

10.1 变量的地址与变量的指针

10.1.1 地址、地址变量

10.1.1.1 内存、内存地址

内存(内部存储器):是由大规模集成电路芯片组成的存储器,包括 RAM,ROM。运行中的程序和数据都是存放在内存中的。与内存相对应的是外存,外存是辅助存储器(包括软盘、硬盘、光盘),一般用于保存永久的数据。程序、数据是在内存中由 CPU 来执行和处理的。外存上尽管可以保存程序和数据,但是当这些数据在没有调入内存之前,是不能由 CPU 来执行和处理的。

内存地址:内存是由内存单元(一般称为字节)构成的一片连续的存储空间,每个内存单元都有一个编号。内存单元的编号就是内存地址,简称地址。

CPU 是通过内存地址来访问内存,进行数据存取(读/写),见图 10-1。

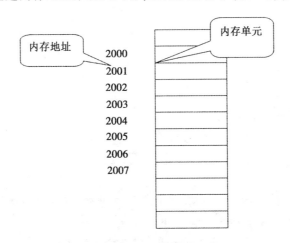

图 10-1 内存单元及内存单元的地址

10.1.1.2 变量、变量名、变量的地址、变量值

变量:变量对应或代表着一块内存空间,是命名的内存空间。变量在内存

中占有一定空间,用于存放各种类型的数据。

变量有下面几个附加属性:

(1)变量名:变量名是给内存空间取的一个容易记忆的名字。

(2)变量的地址:变量所使用的内存空间的起始地址,见图 10-2。

(3)变量所属的数据类型:决定了变量所占内存空间的大小。

(4)变量值:在变量的地址所对应的内存空间中存放的数值即为变量的值或变量的内容。

int x=5;

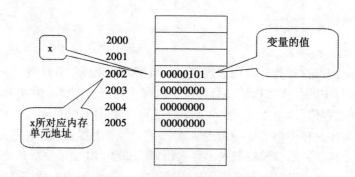

图 10-2　变量、变量值及变量的地址

10.1.1.3　指针、变量的指针和指针变量

(1)指针:就是"内存单元的地址"。指针和地址是同义词,都指向一个内存单元。

(2)变量的指针:就是"变量的地址"。变量的指针指向变量对应的内存单元。

(3)指针变量:就是地址变量。地址也是数据,可以保存在一个变量中。保存地址数据的变量称为指针变量。

地址变量 p 中的值是一个地址值,变量 p 指向这个地址。如果这个地址恰好是变量 i 的地址,则称指针变量 p 指向变量 i。

注意:

(1)指针等价于地址,谁的地址?某种类型变量的地址;指针变量或地址变量,用来专门记录某种变量的地址。

(2)指针变量是变量,它亦有地址,指针变量的地址也就是指针变量的指针(即指针的指针)。

10.1.1.4　系统访问内存的两种方式

(1)直接访问:按地址存取内存的方式称为"直接访问"。

intx=5=int*p=&x;

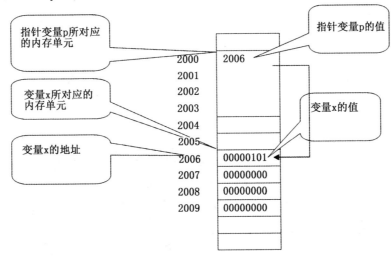

图 10-3 变量、变量值与指针变量关系

①按变量名直接访问,按变量地址直接访问。如:x＝5。

②按地址直接访问,如:＊((int ＊)(2006))＝5;在地址 2006 保存一个整数。

从系统的角度看,不管是按变量名访问变量,还是按地址访问变量,本质上都是对地址的直接访问。用变量名对变量的访问属于直接访问,因为编译后,变量名与变量地址之间有对应关系,对变量名的访问系统自动转化为利用变量地址对变量的访问,见图 10-3。

(2)间接访问。

将变量 x 的地址(指针)存放在指针变量 p 中,p 中的内容就是变量 x 的地址,也就是 p 指向 x,然后利用指针变量 p 对变量 x 进行访问。

例如:p＝&x, ＊p＝5。

从变量名获得变量地址用"&"运算符,从地址获得地址指向的数据用"＊"运算符。

10.1.2 指针变量的定义

指针变量的定义格式:数据类型 ＊变量名;

int ＊p1, ＊p2; //定义两个指针变量 p1,p2。数据类型为整型,即指向的数据类型为整型。

float ＊f;   //定义指针变量 f。数据类型为浮点型,即指向的数据类型为浮点型。

    char ＊pc;   //定义 pc。数据类型为字符型,即指向的数据类型
为字符型。

    说明:

    (1)变量先定义后使用,指针变量也不例外,为了表示指针变量是存放地址的特殊变量,定义指针变量时在其变量名前加上"＊"号。

    (2)指针变量的数据类型(简称:指针变量类型):指针变量所指向数据的类型。我们知道,整型数据占用 2 个或 4 个字节,浮点数据占用 4 或 8 个字节,字符数据占用 1 个字节。指针变量类型使得指针变量的某些操作具有特殊的含义。指针变量的类型说明了从这个地址开始连续操作几个内存单位。

    (3)指针变量存放地址值,指针变量本身在内存中占用的空间是 4 个字节。

10.1.3　指针变量的赋值

    指针变量一定要有确定的值以后,才可以使用。禁止使用未初始化或未赋值的指针(此时,指针变量指向的内存空间是无法确定的,使用它可能导致系统的崩溃)。

    指针变量的赋值可以有两种方法:

    (1)将地址直接赋值给指针变量(指针变量指向该地址代表的内存空间)。例如:

char far ＊farptr＝(char far ＊)0xA0000000;将显存首地址赋值给指针。

float ＊f＝(float ＊)malloc(4);   malloc 动态分配了 4 个字节的连续空间,返回空间首地址,然后将首地址赋值给浮点型指针 f。这样浮点型指针 f 指向这个连续空间的第一个字节。

    (2)将变量的地址赋值给指针变量(指针变量指向该变量)。

    例如: int i, ＊p;   p=&i;

10.1.4　指针变量的引用

10.1.4.1　& 运算符(取地址运算符)

    它表示取变量的地址,运算方向是右结合。

10.1.4.2　＊ 运算符(指针运算符、间接访问运算符)

    它访问指针变量指向的变量的值。

    例 10-1:输入两个数 a,b 然后按从大到小的顺序输出。

```
#include "stdio.h"
void main(void)
```

```
{
    int a,b,t; /* t-临时变量 */
    int * p, * q;
    scanf("%d%d",&a,&b);
    p=&a;q=&b;
    if( * p< * q)
{t= * p; * p= * q; * q=t;} /*交换a,b */
    printf("%d%d",a,b);
}
#include "stdio.h"
void main(void)
{
    int a,b,t; /* t-临时变量 */
    scanf("%d%d",&a,&b);
    if(a<b){t=a;a=b;b=t;} /*交换a,b */
    printf("%d%d",a,b);
}
```

说明：

(1)"int * p, * q;"语句定义两个指向整型变量的指针变量 p 和 q,但是没指定它们具体指向哪个变量。

(2)"p=&a; q=&b;"将 a,b 的地址分别赋值给指针变量 p,q。也就是说 p,q 分别指向变量 a,b。

(3)"printf("%d,%d",a,b);"使用变量名 a,b 直接访问变量 a,b,这是我们以前常用的方法。

(4)"t= * p; * p= * q; * q=t;"使用 * p, * q 访问 p,q 所指向的空间的内容,p,q 分别指向变量 a,b,所以 * p, * q 访问的是变量 a,b 的值。即使用指针变量 p,q 间接访问变量 a,b。" * 运算符"是间接访问运算符(与定义时不同,定义指针变量所使用的" * "只表示是指针变量,不是运算符)。

指针使用方面的其他说明：

(1)指针(指针变量)加 1,不是指针的地址值加 1,而是加 1 个指针数据类型的字节数。

(2)指针运算符" * "不仅可以用在指针变量上,也可以使用在任何能够获取地址(指针)的表达式上。

10.1.5 指针变量作为函数的参数

普通变量可以作为函数参数,指针变量同样可以作为函数参数。指针变量作为函数参数时,同样是从实参单向传递指针变量的内容给形参,只是传递的内容是一个地址值。可以通过这个地址值间接改变实参、形参所共同指向的变量,所以尽管不能改变实际参数地址本身,但是可以间接改变地址所指向的变量。

例 10-2:编写一个函数输入整数 a,b;交换 a,b 数据后输出。

(1)
```
void swap( int * x, int * y)
    {
        int * temp;
        temp = x;
        x = y;
        y = temp;
    }
    void main( )
    {
        int a = 5,b = 10;
        printf( "a = %d,b = %d\n" ,a,b);
        swap( &a, &b);
        printf( "swaped:\n" );
        printf( "a = %d,b = %d\n" ,a,b);
    }
```

(2)
```
void swap( int x, int y)
    {
        int temp;
        temp = x;
        x = y;
        y = temp;
    }
    void main( )
    {
        int a = 5,b = 10;
        printf( "a = %d,b = %d\n" ,a,b);
```

```
        swap(a,b);
        printf("swaped:\n");
        printf("a=%d,b=%d\n",a,b);
    }
(3) void swap(int * x,int * y)
    {
        int temp;
        temp= * x;
        * x= * y;
        * y=temp;
    }
    void main()
    {
        int a=5,b=10;
        printf("a=%d,b=%d\n",a,b);
        swap(&a,&b);
        printf("swaped:\n");
        printf("a=%d,b=%d\n",a,b);
    }
(4) void swap(int * x,int * y)
    {
        int * temp;
        * temp= * x;
        * x= * y;
        * y= * temp;
    }
    void main()
    {
        int a=5,b=10;
        printf("a=%d,b=%d\n",a,b);
        swap(&a,&b);
        printf("swaped:\n");
        printf("a=%d,b=%d\n",a,b);
    }
```

(1)程序段 1 无法完成程序的功能,函数调用时,函数参数传递是单向的,从实参向形参进行传递,传递的是实参的一个拷贝副本。在函数体内对函数形参的改变是不会影响函数调用时的实参的值的。

(2)程序段 2 函数参数使用指针变量,在被调用函数 swap 中交换了形参指针变量 x 和 y 的值(地址),但是因为参数的传递是单向传递的,形参和实参占用的是不同的内存空间,所以尽管在 swap 中交换了形参指针变量 x 和 y 的值,而实参指针变量 &a 和 &b 是不会改变的,还是分别指向变量 a 和 b。

(3)程序段 3 通过形参指针,交换了其指向的数据,但在被调用函数 swap 中并没有给指针变量 temp 初始化,是野指针,这种情况使用指针最危险,是严禁使用的。

(4)程序段 4 中的函数参数使用了指针变量,在被调用函数 swap 中交换了指针变量所指向的变量的值。被调用函数 swap 中通过参数传递获得了实参指针变量所指向的变量地址,此时形参指针变量 x 和 y 也分别指向实参指针变量所指向的变量 a 和 b。也就是说实参和形参指针变量指向共同的变量。在 swap 函数中可通过形参指针变量进行间接访问、修改形参和实参指针所共同指向的变量 a 和 b 的值,本例是交换了形参指针变量 x 和 y 所指向的 a 和 b 的值。返回 main( )函数后 a,b 的值已经进行了交换。

(5)结论:要在被调用函数中修改主调函数的变量值,应当做以下工作:

①将主调函数变量的地址传递给被调用函数,就是说函数应当传递的是变量的地址。这样被调用函数的形参应当使用指针变量接受主调函数的地址值。

②在被调用函数中通过形参指针变量进行间接访问,修改实参和形参地址所共同指向的变量的值。本例的操作就是交换两个指针变量所指向的变量。

10.2　一维数组与指针

10.2.1　指向数组的指针变量

数组:相同类型元素构成的有序序列。

数组元素的指针:数组元素在内存中占据了一组连续的存储单元,每个数组元素都有一个地址,数组元素的地址就是数组元素的指针,见图 10-4。

数组的指针:就是数组的地址。数组的地址指的是数组的起始地址(首地址),也就是第一个数组元素的地址。C 语言还规定数组名代表数组的首地址,一维数组中,数组的类型与数组元素的类型相同,但在多维数组中,数组的首地址与第一个数组元素的地址在数值上相同,但在类型上是截然不同的,因此要区分用不同类型的指针变量来记录。

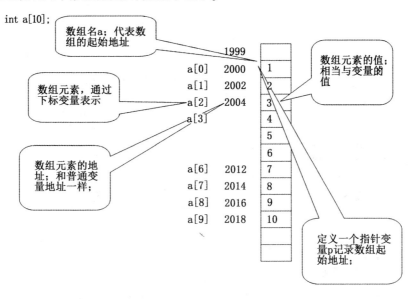

图 10-4 数组元素与数组元素地址

(1)指向数组的指针变量:存放数组元素地址的变量,称为指向数组的指针变量,一维数组中这个指针变量的类型应与数组元素的类型相同。

(2)数组的指针变量的定义和初始化:

数组元素类型 ＊指针变量名;

int a［10］;int ＊p;

说明:

(1)一维数组中,数组的指针变量的定义与数组元素的指针变量的定义相同。实质就是数据类型指针变量的定义。但多维数组中是不同的,要进行数组指针的区别。

(2)数组指针变量可以用两种方法初始化:

①定义时初始化,可以使用已经定义的数组的数组名来初始化数组的指针变量。

②通过赋值初始化,将数组的首地址赋值给数组的指针变量(数组的指针变量的赋值也与一般的指针变量的赋值相同)。

例如:int a［10］,＊p; 定义了一个整型数组 a,一个整型指针变量 p。

p＝a;或者 p＝&a［0］;将数组 a 的首地址赋值给整型指针变量 p,此时 p

就是指向数组的指针变量。也可以进行如下赋值:int a[10], *p=a;

10.2.2 通过指针引用数组元素

10.2.2.1 指针与数组的关系

如图 10-5 所示,首先数组元素在内存中是连续存放的,如果指针 p 指向数组 a,那么 p+i 指向数组 a 的第 i 个元素 a[i],也就是 p+i=&a[i],此时对 a[i] 的访问完全可以转化为对 *(p+i) 的访问。同时数组名是数组元素的起始地址,因而同样有 a+i 为数组中第 i 个元素的地址。

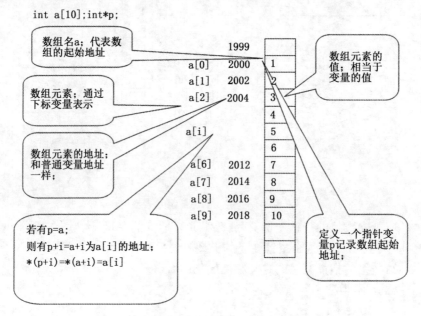

图 10-5 指针与数组的关系

与指针的关系:数组元素可以用下标访问也可以使用指针访问。注意指针 p+i 的含义,不是地址值 p 增加 i 个字节后的地址值,而是指 p 向后移动 i 个数据类型元素后的地址值。p-i,p++,p-- 都有类似的含义。

10.2.2.2 通过指针引用数组元素

前面的章节都是通过下标(索引)来访问数组元素的,有了指针变量后,数组元素的访问还可以通过指针完成。

(1)数组元素的地址表示。假如:p 定义为指向数组 a 的指针。数组元素 a[i] 的地址可以表示为:&a[i],p+i,a+i。

(2)数组元素的访问形式。例如:数组元素 a[i] 的访问可以是:a[i],*(p+i),*(a+i)。

（3）数组指针变量,数组名在许多场合甚至可以交换使用。假如:p=a,那么 a[i]可以表示为 p[i](指针变量带下标)。

注意:

数组名、数组指针变量使用时的区别:其中 a 与 p 虽同为地址,但 a 是地址常量,在程序运行过程中不允许修改其值,而 p 是变量可以随时赋予一个新的地址值。在不至于混淆的场合,数组名、数组指针变量可以统称数组指针。

例如:假设 a、b 是数组名,p 是同类型的数组指针变量。

a++;　*(a++);　a=a+i; a=b;错误,a 为常量指针,不能改变其值。

而 p++;　*(p++);　p=p+i; p=a;都是可以的。

例 10-3:任意输入 10 个整数,将 10 个数按逆序输出。

```c
#include "stdio.h"
void main( )
{ int i,j,m,temp,a[10],* p;
  printf("输入 10 个整数:\n");
  for(i=0;i<10;i++)
   scanf("%d,",a+i);
  printf("\n");
  m=9/2;
  for(i=0;i<=m;i++)
    { j=9-i;
      temp=x[i];x[i]=x[j];x[j]=temp;
    }
p=a;
for(i=0;i<10;i++)
  printf("%d,",*(p+i));
}
```

注意:使用数组的指针变量,要清醒地知道指针的初始位置以及运动后的位置,必要时可以重置指针。

10.2.3　数组名作为函数参数

```c
#include "stdio.h"
#define N 10
void sort(int x[ ],int n)
{ int i,j, t;
```

```
    for(i=0; i<n-1; i++)
      for(j=0; j<n-i-1; j++)
        if(x[j]>x[j+1])
        {
            t=x[j];x[j]=x[j+1];x[j+1]=t;
        }
}
void main()
{
    int a[10],i;
    for(i=0; i<N; i++)
    scanf("%d",&a[i]);
    sort(a,10);
    for(i=0; i<N; i++)
    printf(printf("%d   ",a[i]));
}
#include "stdio.h"
#define N 10
void sort(int  * x,int n)
{ int i,j, t;
for(i=0; i<n-1; i++)
      for(j=0; j<n-i-1; j++)
        if( * (x+j)>  * (x+j+1))
        {
            t= * (x+j);
             * (x+j)=  * (x+j+1);
             * (x+j+1)=t;
        }
}
void main()
{   int a[10],i;
    for(i=0; i<N; i++)
    scanf("%d",&a[i]);
    sort(a,10);
```

```
    for(i=0; i<N; i++)
    printf( printf("%d",a[i]));
}
```

sort 函数对数组元素进行了排序。main 函数调用 sort 函数时将实参数组 a 的首地址 a，单向传递给形参数组 x，形参数组的数组名 x 接受了实参数组 a 的首地址，也就是形参数组也指向了 main 函数中的数组 a。在 sort 函数中对数组 x 的操作也就是对数组 a 的操作。sort 函数排序完成返回 main 函数后，a 的数组内容已经被排序了。

我们知道数组名是常量指针，所以说虚实结合时，形参数组的数组名 x 接受了实参数组 a 的首地址是不严格的，能够接受地址的变量应当是指针变量。C 编译系统是将形参数组名作为数组的指针变量来处理的，所以函数 sort(int x[ ],int n) 可以认为就是函数 sort(int *x,int n)。在函数调用时，形参数组指针接受来自实参数组的首地址，也就是指向了实参数组 a。由数组的指针访问方式可知，指针变量 x 指向数组后可以带下标，即 x[i]，它与 *(x+i) 等价，它们都代表了数组中下标为 i 的元素。

数组指针作为函数参数可以分为以下 4 种情况：

(1)形参、实参都是数组名；

(2)实参是数组名，形参是指针变量；

(3)形参、实参都是指针变量；

(4)实参是指针变量，形参是数组名。

总之，数组作为函数参数时，不管参数是数组还是指针，只是接口形式不同，数组元素可以使用下标表示，也可以使用指针表示，但必须注意的是地址类型的兼容性。

10.3　二维数组与指针

指针可以指向一维数组，也可以指向多维数组。多维数组的指针，即多维数组的地址(首地址)。多维数组的指针变量是存放多维数组地址的变量。

多维数组的数组元素与一维数组的数组元素一样既可以用下标表示(访问)，又可以用指针表示(访问)，还可以用下标与指针组合表示(访问)。为了清楚地理解多维数组的各种表示方法，并在程序设计中灵活应用，需要对多维数组的地址、指针进行详细分析。二维数组是常用的多维数组，下面以二维数组为例进行分析，分析的结果也可以推广到一般的多维数组。

10.3.1 二维数组的地址

我们知道指针和地址密切相关,要清楚地理解二维数组指针,首先应该对二维数组地址有清晰的认识。图 10-6 为二维数组与一维数组的关系。

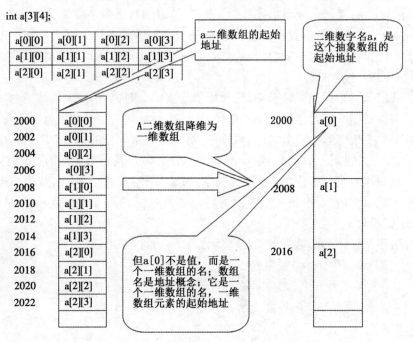

图 10-6 二维数组与一维数组关系

说明:

(1)a 数组是一个 3×4(3 行 4 列)的二维数组。可以将它想象为一个矩阵。各个数组元素是按行存储的,即先存储 a[0]行的各个元素(a[0][0],…,a[0][3]),再存储 a[1]行的各个元素(a[1][0],…,a[1][3]),最后存储 a[2]行的各个元素(a[2][0],…,a[2][3])。

(2)二维数组 a 可以看成由一个抽象的一维数组作为数组元素的数组:C 语言中,数组的元素允许是系统定义的任何类型,也可以是自己定义的任何类型,也就是说也可以用一个一维数组去构造出另一个数组。这个数组就是 a,在这个一维数组中每个数组元素表示为:a[0],a[1],a[2]。只不过这个一维数组 a 的每个数组元素 a[0],a[1],a[2]本身不是数值,而是一个一维数组,这三个一维数组的数组名分别是 a[0],a[1],a[2]。

(3)根据一维数组地址、指针的概念可以知道:数组名是数组元素的起始地址,那么 a 显然也是数组元素的起始地址,这个地址是什么类型的地址呢?按照一维数组的概念,数组名的地址和数组元素的具有相同的地址类型,a 这个二维数组的元素由一个抽象一维数组构成,因此,这个数组名 a 的地址类型,应该和一个抽象的一维数组是相同类型的。在本例中这个抽象一维数组是有 4 个整型元素来构成的。这样的地址用什么样的指针变量去记录,在后面接着阐述。

(4)接着继续分析,既然 a 是由 a[0],a[1],a[2]三个元素构成的,而这三个元素每个都不是普通数值,而是一个一维数组,那么 a[0],a[1],a[2]就是这三个数组的名字,都是起始地址,那显然这三者地址属性就应该和数组元素的地址类型相同了,这三个数组的元素都是整型数据,所以这三者都是整型数据地址,我们把这个地址称为二维数组的列地址,列地址的变化是以元素为单位变化的。可以用整型指针变量去记录。

(5)各种地址表示形式之间的关系。如:a;a+0;a+1;a+2;a 的地址类型是指向抽象的一维数组的类型,那么其他三者同样也是指向与 a 相同的抽象的一维数组的类型,从外在表现上看,我们称为是二维数组的行地址,其指向的是数组中的每一行,每次变化的幅度也是以行为单位进行变化的。a+0;a+1;a+2;既然是地址,那么如果对这样地址进行取值运算,得的结果是什么呢?

(a+0)= a[0] 得到的是地址类型由行地址类型转变到列地址类型,我们称行列转换。由此可得二维数组中某个元素的地址,(a+i)+j =&a[i][j] ;推广到三维数组,三维数组任何一个元素地址均可以表示为

$$&s[i][j][k] = *(*(s+i)+j)+k$$

10.3.2　指向多维数组的指针变量

二维数组中各种地址类型阐述清楚后,下面我们来看指向多维数组的指针变量。

(1)指向数组元素的指针变量。

例 10-4:用指向元素的指针变量输出数组元素的值。

```
void main( )
{ int a[3][4]={{0,2,4,6},{1,3,5,7},{9,10,11,12}};
int *p;   //整型指针,记录整型变量的地址
for(p=a[0];p<a[0]+12;p++)
{  if((p-a[0])%4==0)printf(" \n" );
   printf("%d", *p);
```

```
｝｝
```

例 10-5:用指向元素的指针变量输出数组元素的值。

```
void main( )
｛  int a[3][4]={｛0,2,4,6｝,｛1,3,5,7｝,｛9,10,11,12｝｝;
int * p,i,j;
p=a[0];//p=a 是否可以;
for(i=0;i<3;i++)
    for(j=0;j<4;j++)
    ｛  printf("%d",*(*(p+i)+j));
        if((j+1)%4= =0)
          printf("\n");
｝  ｝
```

(2)指向由 m 个元素组成的一维数组的指针变量。

定义格式:数据类型（ * p）[m];

说明:首先看运算符优先级,( )和[ ]的优先级是相同的,左结合,即(* p)表明 p 是指针,再看是什么指针?数据类型[m]这种类型的指针。最后指定 p 是一个指针变量,它指向包含 m 个元素的一维数组。( )不能省略,否则含义就变了。

例 10-6:使用行指针输出数组元素的值。

```
void main( )
｛  int a[3][4]={｛0,2,4,6｝,｛1,3,5,7｝,｛9,10,11,12｝｝;
    int i,j;  int ( * p)[4];
    for(p=a;p<a+3;p++)        //p=a[0]是否可以;
      for(j=0;j<4;j++)
        ｛    printf("%d",*(*(p)+j));
             if((j+1)%4= =0)    printf("\n");
        ｝
｝
```

10.3.3 指向多维数组的指针变量作为函数的参数

多维数组的地址可以作为函数参数。多维数组的地址作为函数参数时,必须注意指针变量和指针类型。

例 10-7:全班 50 名学生,本学期开设 4 门课程,编写函数计算每名同学的总成绩,编写函数打印第 n 个学生的成绩。

```
#include<stdio.h>
void input(float b[ ][5],int n);
void sum(float (*p)[5],int n);
void search(float (*p)[5],int n);
void main()
{ float a[50][5];
    printf("输入");
    input(a,50);
    sum(a,50);
    search(a,5);
}
void input(float b[ ][5],int n)
{int i,j;
for(i=0;i<n;i++)
    for(j=0;j<4;j++)
        scanf("%f",&b[i][j]);
}
void search(float (*p)[5],int n)
{    int j;
    for(j=0;j<5;j++)
        printf("%f   ",*(*(p+n)+j));
    printf("\n");
}
void sum(float (*p)[5],int n)
{ float sum=0.0;
    float (*q)[5];
    int j;
    q=p+n;
    for(   ;p<q;p++)
    { sum=0.0;
        for(j=0;j<4;j++)
            sum+= *(*(p)+j);
        *(*(p)+4)=sum;
} }
```

当二维数组的数组名作为实参时,对应的形参必须是一个行指针变量,当使用一维数组的数组名作为实参时,对应的形参必须是一个指向元素(变量)的指针变量。

10.4 字符串与指针

10.4.1 字符串的表示形式

C语言允许使用两种方法实现一个字符串的引用。

10.4.1.1 字符数组

将字符串的各个字符(包括结尾标志′\0′)依次存放到字符数组中,利用数组名或下标变量对数组进行操作。

例10-8:字符数组应用。

```
#include <stdio.h>
void main( )
   { char str[ ]="this C program!";
      printf("%s\n",str);                          /* 整体输出 */
      printf("%c,%c\n",str[3],*(str+3));  /* 输出其中一个字符
*/
   }
```

10.4.1.2 字符指针

可以不定义字符数组,直接定义指向字符串的指针变量,利用指针变量对字符串进行操作。

例10-9:字符指针的应用。

```
#include <stdio.h>
void main( )
   { char *str="this C program!";
      printf("%s\n",str);                            /* 整体输出 */
      printf("%c,%c\n",str[3],*(str+3));  /* 输出其中一
个字符 */
   }
```

可以看出C语言允许除了使用字符数组进行字符串的处理外,还可以使用字符指针。

例10-10:输入两个字符串,比较是否相等。

```
#include <stdio.h>
main( )
{ int i=0,flag=0;
char * str1=" CHINA" ,str2[100];
  gets(str2);
  while( * str1! =´\0´&& str2[i]! =´\0´)        /* s1,s2 只要有一个到
达串尾,结束比较 */
  {
      if( * str1! =str2[i])
        {
            flag=1;
            break;
        }
      str1++;i++;
      }
    if(flag==0 && * str1==str2[i] )
      printf("相等\n");
    else
      printf("不等\n");
  }
```

10.4.2 字符串指针作为函数参数

使用字符串(字符数组)指针变量(实际就是字符指针变量)可以作为函数形参接受来自实参字符串(字符数组)的地址。在函数中改变字符指向的字符串的内容,在主调函数中得到改变了的字符串。

例 10-11:拷贝字符串,然后输出字符串。

```
#include <stdio.h>
cpystr( char * to,char * from )
{   while(( * to= * from)! =´\0´)
    {
        to++;   from++;
    }
}
main( )
```

```
{   char a[100],b[80];
    gets(a);   gets(b);
    cpystr(a,b);
    puts(a);
}
```

用指向字符串(字符数组)的字符指针对字符串进行操作,比使用字符数组进行操作更加灵活、方便。

10.4.3 字符数组和字符指针的区别

字符数组和字符(串)指针都能够实现对字符串的操作,但它们是有区别的,主要区别在下面几个方面。

10.4.3.1 存储方式的区别

字符数组由若干元素组成,每个元素存放一个字符。字符指针存放的是地址(字符数组的首地址),不是将整个字符串放到字符指针变量中。

10.4.3.2 赋值方式的区别

对字符数组只能对各个元素赋值,不能将一个常量字符串整个赋值给一个字符数组(字符数组定义例外),可以将一个常量字符串赋值给字符指针,其含义仅仅是将常量串的首地址赋值给字符指针。

例如:

不允许:char str[100];   str=“I am a student.”。

允许:char ∗ pstr;   pstr=“I am a student.”。

10.4.3.3 定义方式的区别

定义数组后,编译系统分配具体的内存单元(一片连续的内存空间),各个单元有确切的地址。定义一个指针变量,编译系统只分配一个 4 字节存储单元,以存放地址,也就是说字符指针变量可以指向一个字符型数据(字符变量或字符数组),但是在对它赋以具体地址前,它的值是随机的(不知道它指向的是什么),所以字符指针必须初始化才能使用。

例如:

允许:char ∗ s[10];   gets(s);

不允许 char ∗ ps;   get(ps);   /∗ 野指针尽管可能也可以使用,但是这是很危险的 ∗/

10.4.3.4 运算方面的区别

指针变量的值允许改变(++,--,赋值等),而字符数组的数组名是常量地址,不允许改变。

10.5　函数与指针

10.5.1　函数的指针

　　函数作为特殊的数据类型,其变量当然也有存储地址、也有指针,我们称函数的指针。

　　函数的指针:函数的入口地址(函数的首地址)。C 语言规定函数的首地址就是函数名,所以函数名就是函数的指针。

　　指向函数的指针变量:存放函数入口地址(函数指针)的变量,称为指向函数的指针变量,简称函数的指针变量。

　　函数可以通过函数名调用,也可以通过函数指针调用。通过函数指针实现函数调用的步骤:

　　(1) 指向函数的指针变量的定义: 类型 (* 函数指针变量名)( );

　　例如:int (* p)( );

　　注意:两组括号( )都不能少。按运算符优先级关系,括号运算为同级左结合,所以 p 首先是个指针变量类型,其次是指向( )类型指针,是表示函数类型的指针,int 表示被指向的函数的类型,即被指向的函数的返回值的类型是整型,所以 p 指向的是 int fun( )这样类型的一个指针变量。

　　(2)指向函数的指针变量的赋值,指向某个函数:函数指针变量名=函数名;

　　(3)利用指向函数的指针变量调用函数:(* 函数指针变量名)(实参表)。

　　例 10-12:输入 10 个数,求其中的最大值。

```
int max( int * p)
{ int i,t= * p;
   for(i=1;i<10;i++)
     if( * (p+i)>t)t= * (p+i);
   return t;
}
void main( )
{   int i,m,a[10];
    int ( * pf)( );
    for(i=0;  i<10;  i++)
```

```
        scanf("%d",&a[i]);
    pf=max;           m=( *pf)(a);
    printf("max=%d\n",m);
}
int max(int *p)
{ int i,t= *p;
    for(i=1;i<10;i++)
      if( *(p+i)>t)t= *(p+i);
    return t;
}
voidmain( )
{   int i,m,a[10];
    for(i=0;  i<10;  i++)
      scanf("%d",&a[i]);
    m=max(a);
    printf("max=%d\n",m);
}
```

说明:

(1)定义函数指针变量时,两组括号( )都不能少,否则指针含义变化了。

(2)函数指针的赋值,只要给出函数名,不必给出参数。

(3)用指针变量调用函数时,(* 函数指针)代替函数名。参数表与使用函数名调用函数一样。

(4)定义的函数指针变量可以用于一类函数,只要这些函数类型相同。

10.5.2 函数的指针作为函数的参数

函数的参数除了可以是变量、指向变量的指针,数组、指向数组的指针以外,还可以是函数的指针。

函数的指针可以作为函数参数,在函数调用时可以将某个函数的首地址传递给被调用的函数,使这个被传递的函数在被调用的函数中调用(看上去好像是将函数传递给另一个函数),在今后的学习中会经常利用这种方法来处理,形式上统一,处理内容不同。函数指针的使用在有些情况下可以增加函数的通用性,特别是在可能调用的函数可变的情况下。

例 10-13:编制一个对两个整数 a,b 的通用处理函数 process,要求根据调用 process 时指出的处理方法计算 a,b 两数中的大数、小数、和。

```
int max( int ,int ) ;
    int min( int ,int ) ;
    int add( int ,int ) ;
    int process( int x,int y, int ( *f)(    )  )      /*通用两数的处理函数
*/
    {
      return (  *f)(x,y);
    }
    voidmain( )
    {
      int a,b;
      printf( "Enter two num to a,b:") ;scanf( "%d%d" ,&a,&b);
      printf( "max=%d\n" ,process( a,b,max)); /*调用通用处理函数
*/
      printf( "min=%d\n" ,process(a,b,min));
      printf( "add=%d\n" ,process(a,b,add));
      printf( "add1=%d\n" ,process(a,b,add1));
    }
    int max( int x,int y){    return x>y? x:y; } /*返回两数之中较大的数
*/
    int min( int x,int y){    return x<y? x:y; } /*返回两数之中较小的数
*/
    int add( int x,int y){    return x+y; }      /*返回两数的和 */
```
　　说明：

　　(1)函数 process 处理两个整数,并返回一个整型值。同时又要求 process 具有通用处理能力(处理求大数、小数、和),所以可以考虑在调用 process 时将相应的处理方法("处理函数")传递给 process。

　　(2)process 函数要接受函数作为参数,即 process 应该有一个函数指针作为形式参数,以接受函数的地址。这样 process 函数的函数原型应该是：

　　int process(int x,int y,int (*f)());

　　(3)"函数指针作为函数参数"的使用与 10.5.1 节介绍的步骤完全相同,即函数指针变量的定义——在通用函数 process 的形参定义部分实现;函数指针变量的赋值——在通用函数的调用的虚实结合时实现;用函数指针调用函数——在通用函数内部实现。

（4）main 函数调用通用函数 process 处理计算两数中大数的过程是这样的：

①将函数名 max（实际是函数 max 的地址）连同要处理的两个整数 a，b 一起作为 process 函数的实参，调用 process 函数。

②process 函数接受来自主调函数 main 传递过来的参数，包括两个整数和函数 max 的地址，函数指针变量 f 获得了函数 max 的地址。

③在 process 函数的适当位置调用函数指针变量 f 指向的函数，即调用 max 函数。本例直接调用 max 并将值返回。这样调用点就获得了两数大数的结果，由 main 函数 printf 函数输出结果。

④同样，main 函数调用通用函数 process 处理计算两数中的小数及求两数和的过程基本一样。

10.5.3 返回指针值的函数

函数可以返回整型、实型、字符型等类型的数据，还可以返回地址值，即返回指针值。返回指针值的函数定义：类型名 ＊ 函数名（ 参数表 ）

例如：

int ＊ fun（ int x，int y ）表示 func 是返回整型指针的函数，返回的指针值指向一个整型数据。该函数还包含两个整型参数 x，y。

返回指针的典型应用，在数组一章中，曾介绍过数组的长度是预先定义好的，在整个程序中固定不变。C 语言中不允许动态数组类型。

例如：

int n；

scanf（"%d"，&n）；

int a[n]；

用变量表示长度，想对数组的大小作动态说明，这是错误的。但是在实际的编程中，往往会发生这种情况，即所需的内存空间取决于实际输入的数据，而无法预先确定。这种问题用数组的办法很难解决。为了解决上述问题，C 语言提供了一些内存管理函数，这些内存管理函数可以按需要动态地分配内存空间，也可把不再使用的空间回收待用，为有效地利用内存资源，这些函数多使用返回指针的方法。

10.5.3.1 分配内存空间函数 malloc（ ）

函数原型：

void ＊ malloc（ unsigned size）

功能：在内存的动态存储区中分配一块长度为 size 字节的连续区域。函数的返回值为该区域的首地址。

例如：

pc = (char *) malloc(100) ;

表示分配 100 个字节的内存空间,并强制转换为字符数组类型,函数的返回值为指向该字符数组的指针,把该指针赋予指针变量 pc。

10.5.3.2 分配内存空间函数 calloc( )

calloc 也用于分配内存空间。

函数原型：

void * calloc(unsigned n , unsigned size)

功能：在内存动态存储区中分配 n 块单位长度为 size 字节的连续区域。函数的返回值为该区域的首地址。

例如：

ps = (int *) calloc(2 , sizeof(int)   ) ;

其中的 sizeof(int) 是求 int 的在本机上的类型长度。因此该语句的意思是：按 int 的长度分配 2 块连续区域,强制转换为 int 类型,并把其首地址赋予指针变量 ps。

10.5.3.3 释放内存空间函数 free( )

函数原型：

free(void * ptr) ;

功能：释放 ptr 所指向的一块内存空间,ptr 是一个任意类型的指针变量,它指向被释放区域的首地址。被释放区应是由 malloc( ) 或 calloc( ) 函数所分配的区域。

例 10-14：输入全班同学 C 语言的阶段测试成绩。

```
#include <stdio.h>
#include <stdlib.h>
void main( )
{ float * p;
  int i,stu_num;
  printf("输入参加期中测评的人数");
  scanf("%f",&stu_num);
  printf("动态的为其分配内存空间");
  p=q=(float * )calloc(stu_num,sizeof(float));
  printf("录入成绩");
  while(i<stu_num)
```

```
{    scanf("%f",p);
    p++;i++;
  }
}
```

10.6 指针数组与指向指针的指针

10.6.1 指针数组

数组的指针(地址):指向数组元素的指针(地址)。数组元素可以是一般数据类型,也可以是数组、结构体等数据类型。数组指针(地址)的定义与数组元素地址的定义相同。

指针数组:一个数组,如果其数组元素均为指针,那么此数组就是指针数组。

一维指针数组的定义:类型名 * 数组名[数组长度];

例如:int * p[4];

定义一个 4 个元素的数组 p,其中每个元素是一个整型指针,即数组 p 是一个 4 元素整型指针数组。

又如:char * p[4];

定义一个 4 个元素的字符指针数组 p,其中每个数组元素都是一个字符指针,可以指向一个字符串,也就是说利用此字符指针数组可以指向 4 个字符串。

指针数组用得最多的是"字符型指针数组",利用字符指针数组可以指向多个长度不等的字符串,使字符串处理更加方便、灵活,节省内存空间。图 10-7 为字符串数组。

Char a[6][12]

C		p	r	o	g	r	a	m	\0		
O	r	a	c	l	e	\0					
P	o	w	e	r	d	e	s	i	g	n	\0
D	B	M	S	\0							

图 10-7　字符串数组

说明:使用字符型指针数组指向多个字符串与使用两维字符数组存储多个字符串的比较,见图 10-8:

(1)节省存储空间(二维数组要按最长的串开辟存储空间)。

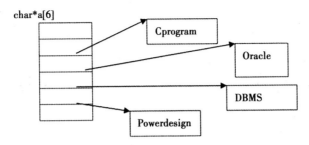

char*a[6]

Cprogram

Oracle

DBMS

Powerdesign

图 10-8　指针数组与字符串

（2）便于对多个字符串进行处理,节省处理时间(使用指针数组排序各个串不必移动字符数据,只要改变指针指向的地址)。

例 10-15:将若干字符串按字母顺序由小到大输出。

```c
void sort( char * name[ ] ,int n )
{   char * temp;
  int i,j,k;
  for(i=0;  i<n-1;  i++)
  {
    k=i;
    for(j=i+1;  j<n;  j++)
      if( strcmp( name[ j] ,name[ k] )<0)
          k=j;
    if( k! =i)
     {
      temp=name[ i] ;name[ i] =name[ k] ;name[ k] =temp;
     }
  }
}
main( )
{   char * name [ ] = { " C  Program " ," Oracle " ," Powerdesign " ,"
DBMS" } ;
    int i,n=4;
    sort( name,n) ;
    for(i=0;  i<n;  i++)
    printf( " %s\n" ,name[ i] ) ;
}
```

说明：

（1）main（)中定义了指针数组 name，它有 4 个元素，其初值分别是"C Program""Oracle""Powerdesign""DBMS"四个字符串常量的首地址。

（2）函数 sort 使用选择排序法对指针数组指向的字符串进行排序（按字母顺序），在排序过程中不交换字符串本身，只交换指向字符串的指针（name[k]和 name[i]）。

10.6.2　指针的指针

10.6.2.1　指针的指针

指针变量是记录地址的变量，那么其本身也是一种变量，显然这种变量也是要有地址的，那么能否再定义一个变量，来记录该指针变量的地址呢，即指向指针变量的指针变量。指针的指针存放的是指针变量地址。

指针变量的指针变量（指针的指针）的定义：类型　＊＊变量名；

＊运算符为 2 级右结合运算符，所以定义相当于（类型＊）＊变量名。可见变量名首先是个指针类型变量，是什么的指针呢？见括号，是另一个指针的指针变量。

例如：

```
int i=2；　／*定义整型变量 i */
int *p1，**p2；／*定义 p1 为整型指针，定义 p2 为整型指针的指针 */
p1=&i；　／* i 的地址赋给 p1，即，指针 p1 指向变量 i */
p2=&p1；／*指针 p1 的地址赋给 p2，即，指针 p2 指向指针 p1 */
```

对变量 i 的访问可以是 i 或 *p1。又因为 *p2=p1，即 **p2=*p1，所以对变量 i 的访问可以是 i，*p1 或 **p2。

10.6.2.2　指针的指针与指针数组的关系

我们知道，数组的指针是指向数组元素的指针（整型、实型、字符型一维数组的指针分别是指向整型、实型、字符型指针，二维数组的指针是指向抽象一维数组的指针）；同理，指针数组的指针，也是指向其数组元素的指针。指针数组的数组元素是指针，所以指向指针数组的指针就是指针的指针。也就是说，可以使用"指针的指针"指向指针数组。

例 10-16：指向指针的指针变量的应用。

```
void main（)
    {
    char *name[ ]={"C Program"，"Oracle"，"Powerdesign"，"DBMS"}；
    char **p；
```

```
    for( p=name; p<name+4;   p++)
        printf("%s\n", * p);
}
```

10.6.3　指针数组作为 **main** 函数的参数

10.6.3.1　main( )函数可以带参数

　　main( )函数是整个可执行程序的入口(执行起点)。main 函数也与其他函数一样可以带参数,指针数组的一个重要应用是作为 main 函数的形参。

　　带参数 main 函数的完整的原型是:main(int argc,char ＊ argv[ ]);其中:

　　(1)argc 是传递给 main( )函数的参数的个数。

　　(2)argv 是传递给 main( )函数的字符指针数组,该数组各个元素是字符指针,分别指向调用 main( )函数时在操作系统命令行输入的各个字符串。

10.6.3.2　main 函数如何获得参数

　　从操作系统命令行获得参数。

　　(1)C 语言源程序经过编译、链接获得一个在操作系统下可以直接执行的程序(可执行程序)。操作系统调用可执行程序的方法是在操作系统命令提示符下输入:

　　C:\> 可执行程序名(命令名)　参数表<CR>　(操作系统命令行)

　　(2)操作系统调用可执行程序时,将操作系统命令行中的"(程序)命令名"以及各个参数(字符串)作为 main 函数的参数,传递给 main 函数的 argc,argv。然后程序由 main( )函数开始运行程序,其使用的格式是:

　　copy　c:\mycprg\file1.c d:\file1.c　<CR>

10.7　指针运算举例

　　例 10-17:已知存放在数组 a 中的数不相重复,在数组 a 中查找与值 x 相等的位置。若找到,输出该值和该值在数组 a 中的位置;若没有找到,输出相应的信息。

```
#define NUM 20
main( )
{   int a[ NUM ],x,n,p;
    n=input( a);
    printf("enter the number to search:x=");
```

```
      scanf("%d",&x);
      p=search(a,n,x);
      if(p! =-1)
        printf("%d index is:%d\n",x,p);
      else
      printf("%d cannot be found! \n",x);
}
int input(int * a)
{   int i,n;
    printf("Enter number to elements,0<n<%d:",NUM);
    scanf("%d",&n);
    for(i=0;  i<n;  i++)
       scanf("%d",a+i);
    return n;
}
int search(int * a,int n,int x)   /* 在数组中查找 x 的位置,返回-1 未找
到 */
   {int i,p;              /* 返回其他值,找到,返回值就是位置号  */
     i=0; a[n]=x;              /* 最后一个数后面,再添加一个整数 x
(要查找的整数) */
     while (x! =a[i]) i++;    /* 若还没有找到,继续和下一个比较,直
到找到或到达最后 */
     if(i==n)
       p=-1;                     /* 未找到,p 赋值-1 */
     else
       p=i;                    /* 找到,p 赋值位置号 */
     return p;
}
```

习题

10.1 选择题

(1)假设已定义 char a[10]和 char *p=a, 下面的赋值语句中,正确的是

（   ）。

    A.a［10］="Turbo C"；   B.a="Turbo C"；

    C.＊p="Turbo C"；   D.p="Turbo C"；

（2）若有下面的程序段：

char s［ ］="china"；char ＊p；p=s；

则下列叙述正确的是（   ）。

A.s 和 p 完全相同

B.数组 s 中的内容和指针变量 p 中的内容相等

C.s 数组长度和 p 所指向的字符串长度相等

D.＊p 与 s［0］相等

（3）两个指针变量不可以（   ）。

A.相加   B.比较   C.相减   D.指向同一个地址

（4）一个指针数组的定义为（   ）。

    A.int（＊ptr)［5］；   B.int ＊ptr［5］；

    C.int ＊(ptr［5］)；   D.int ptr［5］；

（5）已知 int a［2］［3］={1,2,3,4,5,6}，（＊p)［3］=a；则下列表达式不是 4 的是（   ）。

    A.＊（＊p+3)   B.＊p+3   C.＊（＊(p+0)+3)   D.a［0］［3］

（6）下面哪个定义是合法的（   ）。

A.char a［8］ = "language"；

B.int a［5］ = {0,1,2,3,4,5}；

C.char ＊a = "string"；

D.int a［2］［ ］ = {0,1,2,3,4,5,6}；

（7）char（＊p)［5］；该语句声明 p 是一个（   ）。

A.指向含有 5 个元素的一维字符型数组的指针变量 p

B.指向长度不超过 5 的字符串的指针变量 p

C.有 5 个元素的指针数组 p,每个元素可以指向一个字符串

D.有 5 个元素的指针数组 p,每个元素存放一个字符串

（8）若有二维数组定义语句：int a［3］［4］则下面能正确引用元素 a［i］［j］的为（   ）。

    A.＊（a+j＊4+i)   B.＊（a+i＊4+j)

    C.＊（a［i］+j)   D.＊（(＊a+i)+j)

（9）若有定义 int x,＊p；则一下正确的赋值表达式是（   ）。

A.P=&x   B.p=x   C.＊p=&x   D.＊p=＊x

（10）以下程序执行后,变量 i 的正确结果是(　　　　)。

A.7　　B.6　　C.9　　D.10

（11）#include <stdio.h>

main( )

{ printf("%d\n",NULL); }

程序运行后的输出结果是(　　　　)。

A.0　　B.1　　C.-1　　D.NULL 没定义,出错

（12）下列选项中正确的语句组是(　　　　)。

A.char s[8]; s={"Beijing"};

B.char * s; s={"Beijing"};

C.char s[8]; s="Beijing";

D.char * s; s="Beijing";

（13）已定义以下函数

fun(int * p)

{ return * p; }

该函数的返回值是(　　　　)。

A.不确定的值　　　　　　　　B.形参 p 中存放的值

C.形参 p 所指存储单元中的值　　D.形参 p 的地址值

（14）有以下程序段

main( )

{ int a=5, * b, * * c;

c=&b; b=&a;

…

}

程序在执行了 c=&b;b=&a;语句后,表达式: * * c 的值是(　　　　)。

A.变量 a 的地址　　　　　　B.变量 b 中的值

C.变量 a 中的值　　　　　　D.变量 b 的地址

（15）#include <string.h>

main( )

{ char str[ ][20]={"Hello","Beijing"}, * p=str[0];

printf("%d\n",strlen(p+20));

}

程序运行后的输出结果是(　　　　)。

A.0　　B.5　　C.7　　D.20

(16)若有如下定义 char a[ ], * p=a,则对 a 数组元素的正确引用是
(   )。
A. * &a[5]   B.a+2   C. * (p+5)   D. * (a+2)

10.2 填空题

(1) char a[2][10]={ " 123"," 123456789"}, * p[2]={ " 123"," 123456789"};则_____占用内存多。

(2)若有定义:int a[12]={1,2,3,4,5,6,7,8,9,10,11,12}, * p[4],i;
for(i=0;i<4;i++) p[i]=&a[i * 3];则 * (* (p+1)+2) 的值为
_____, * p[2]的值为_____。若数组的首地址为 2000,则 p
[1]指向的地址为_____。

(3)若有以下定义,则不移动指针 p,且通过指针 p 引用值为 80 的数组元素的表达式是_____。

int   w[10]={23,54,10,33,47,98,72,80,61}, * p=w;

(4)与将指针变量 p 指向字符串"This is a C program.",填空完成下面操作。

char   str[ ]="This is a C program.", * p;

p=_____;

(5)以下函数返回 a 所指数组中最小的值所在的下标值,请填空。

int   fun(int * a , int   n)

{ int I,j=0,p;p=j;

for(i=j;i<n;i++)

    if(a[i]<a[p])_____;

return(p);

}

(6)以下函数用来求两个整数之和,并通过形参将结果传回,请填空。

void   func(int   x, int   y, z)

    { * z=x+y; }

(7)以下程序运行后的输出结果是_____。

main( )

{ int i,j,a[ ][3]={1,2,3,4,5,6,7,8,9};

for(i=0;i<3;i++)

for(j=i+1;j<3;j++)   * (* (a+j)+i)=0;

for(i=0;i<3;i++)

```
{ for(j=0;j<3;j++) printf("%d ", * ( * (a+i)+j));
printf(" \n");
 }
 }
```

(8)以下函数的功能是删除字符串 s 中的所有数字字符。请填空。

```
viod dele( char    * s)
{ int n=0,i;
for(i=0;s[i];i++)
if(_____)
s[n++]=s[i];
s[n]=_____;
}
```

(9)以下程序的输出结果是_____。

```
main( )
{ char s[ ] = "abcdef";
s[3]='\0';
printf("%s\n",s);
}
```

10.3 阅读程序

```
(1) #include<stdio.h>
main( )
{ int i, a[10];   int * p;
p = a;
for (i=0; i<10; i++)
  {
scanf("%d", p+i);
  }
  for (p=a; p<a+10; p++)
  {
    printf("%d\t", * p);
}
printf(" \n");
for (p=a; p<a+10; p++)
```

```
        }
    if ( * p % 2 ) printf("%d\t", * p);
        }
        }
```

程序运行时输入为:1<回车>2<回车>3<回车>4<回车>5<回车>6<回车>7<回车>8<回车>9<回车>10<回车> 时,则程序运行结果是_____。

(2)以下程序的输出结果是_____。

```
sub( int * a, int n, int k )
{ if( k<=n) sub( a, n/2, 2 * k);
* a+=k;
}
main( )
{ int x=0;
sub( &x, 8, 1);
printf("%d\n", x);
}
```

(3)程序的输出结果是_____。

```
  main( )
{int a[ ]={2,4,6,8,10};
int y=1, x, * p;
p=&a[1];
for( x=0; x<3; x++)
y+= * ( p+x);
printf("%d\n", y);
}
```

(4)下面程序的运行结果是_____。

```
#include "stdio.h"
fun( char   * s)
{char   * p=s;
while( * p)   p++;
return( p-s);}
main( )
{char * a="abcd\0efg";
int i;
```

```
i = fun(a);
printf("%d", i);
}
```

(5) #include<stdio.h>

```
void Fun(int * y)
{ printf(" * y = %d\n", * y);
* y += 20;
printf(" * y = %d\n", * y);
}
main()
{int x = 10;
printf("x = %d\n", x);
Fun(&x);
printf("x = %d\n", x);}
```

10.4 编写程序

(1)输入 3 个字符串,按从小到大的顺序排列并输出。

(2)输入一行文字,找出其中大写字母、小写字母、空格、数字以及其他字符有多少个?

(3)编写程序,将任意一个字符串从第一个字符开始间隔地输出该串。例如:字符串是 abcdef,那么输出 ace。

(4)写一个函数,求一个字符串的长度(不能调用 strlen 函数)。

(5)将一个长度不超过 4 的数字字符串转换成一个整数,如字符串是"3248",则转换的整数是 3248。

(6)利用指针实现两个字符串的连接。

11 结构体、联合体和位运算

11.1 结构体

例如新生入学登记表,要记录每个学生的学号、姓名、性别、年龄、身份证号、家庭住址、家庭联系电话等信息,见图11-1。

学号	姓名	性别	年龄	身份证号	家庭住址	家庭联系电话
20130001	张明	F	19	2301011992010101	大庆	(0459)8254267
20130002	李雪	M	20	2101011992010101	沈阳	(020)3870909

图 11-1 学籍表

(1)使用数组:因为要有很多学生的信息要处理,按照我们前面学习过的知识,这个任务要使用数组。但是数组是由相同类型的数据构成,所以我们可以使用7个单独的数组(学号数组 no、姓名数组 name、性别数组 sex、年龄数组 age、身份证号数组 pno、家庭住址数组 addr、家庭联系电话数组 tel)分别保存这几类信息。但这些独立的几个数组无法表现出数据之间的关联关系,使得数据的处理造成麻烦。

(2)使用结构体:C 语言利用结构体将同一个对象的不同类型属性数据,组成一个有联系的整体,也就是说可以定义一种结构体类型将属于同一个对象的不同类型的属性数据组合在一起。本例可以将属于同一个学生的各种不同类型的属性数据组合在一起,形成整体的结构体类型数据。可以用结构体类型变量存储、处理单个学生的信息。

结构体是一种自定义数据类型。如果要存储、处理多个学生(对象)的信息,可以使用数组元素为结构体类型的数组,其中每个元素是一个学生(对象)的相关的整体的信息。

11.1.1 结构体类型和结构体变量

结构体是一种构造类型(自定义类型),除了结构体变量需要定义后才能使用外,结构体的类型本身也需要定义。结构体由若干"成员"组成。每个成员可以是一个基本的数据类型,也可以是一个已经定义的构造类型。

11.1.1.1 结构体类型定义的一般形式

struct 结构体名

{

　　类型 1 成员 1;

　　类型 2 成员 2;

　　……

　　类型 n 成员 n;

};

说明:

(1)结构体名:结构体类型的名称。遵循标识符规定。

(2)结构体有若干数据成员,分别属于各自的数据类型,结构体成员名同样遵循标识符规定,它属于特定的结构体变量(对象),名字可以与程序中其他变量或标识符同名。

(3)使用结构体类型时,struct 结构体名作为一个整体,表示名字为"结构体名"的结构体类型。

(4)结构体类型的成员可以是基本数据类型,也可以是其他的已经定义的结构体类型(结构体嵌套)。结构体成员的类型不能是正在定义的结构体类型(递归定义,结构体大小不能确定),但可以是正在定义的结构体类型的指针。

例如:定义关于学生信息的结构体类型。

struct Student

{

　　int no;

　　char name[20];

　　char sex;

　　int age;

　　float score;

};

说明:

(1)struct Student 是结构体类型名,struct 是关键词,在定义和使用时均不能省略。

(2)该结构体类型由 7 个成员组成,分别属于不同的数据类型,分号";"不能省略。

(3)在定义了结构体类型后,可以定义结构体变量(int 整型类型,可以定义整型变量)。

11.1.1.2　结构体变量的定义

(1)先定义结构体类型,再定义结构体变量(概念、含义相当清晰),即先结构体类型定义,然后再进行结构体变量的定义。例如:

struct Student{…};

struct Student student1,student2;

(2)定义结构体类型的同时定义结构体变量。

例如:struct Student{…}student1,student2;

这一种紧凑的格式,既定义类型,也定义变量;如果需要,在程序中还可以使用所定义的结构体类型,定义其他同类型变量。

(3)直接定义结构体变量(这种定义方法不给结构体类型名,是一种匿名的结构体类型)

例如:struct {…}student1,student2;

11.1.1.3　结构体类型、变量是不同的概念

(1)在定义时一般先定义一个结构体类型,然后定义变量为该类型;

(2)赋值、存取或运算只能对变量,不能对类型;

(3)编译时只对变量分配空间,对类型不分配空间。

11.1.2　结构体变量的引用

(1)引用结构体变量中的一个成员。

结构体变量名.成员名

其中:“.”运算符是成员运算符。

例如:

student1.num=11301;

scanf("%s",student1.name);　　if(strstr(student1.addr,"shanxi")! =NULL)…;

student1.age++;

(2)成员本身又是结构体类型时的子成员的访问,需要使用成员运算符逐级访问。

例如:

student1.birthday.year

student1.birthday.month

student1.birthday.day

(3)同一种类型的结构体变量之间可以直接赋值(整体赋值,成员逐个依次赋值)。

例如：student2＝student1；

(4)不允许将一个结构体变量整体输入/输出

例如：

scanf("%…",&student1)；　printf("%…",student1)；都是错误的。

(5)结构体变量的初始化

结构体变量也可以在定义时进行初始化，但是变量后面的一组数据应该用"｛｝"括起来，其顺序也应该与结构体中的成员顺序保持一致。struct Student

```
    {
        int no;
        char name[20];
        char sex;
        int age;
        float score[4];
    }
    void main( )
    {
        struct Student stu={20130001,"赵明",′F′,19,{0.0,0.0,0.0,0.0}};
        printf("no=%d,name=%s,sex=%c,age=%d,课程1=%f　课程2=%
f 课程3=%f 课程4=%f", stu.no,stu.name,stu.sex,stu.age,stu.score[0],stu.
score[1],stu.score[2],stu.socre[3]);
    }
```

11.1.3　结构体数组

11.1.3.1　结构体数组的定义

类似结构体变量定义，只是将"变量名"用"数组名[长度]"代替，也有3种方式。

(1)先定义结构体类型,然后定义结构体数组：

struct 结构体名 ｛…｝；　struct 结构体名 结构体数组名[ ]；

(2)定义结构体类型同时定义结构体数组：

struct 结构体名 ｛…｝结构体数组名[数组的长度]；

(3)匿名结构体类型：

struct ｛…｝结构体数组名[数组的长度]；

例如:定义 50 个元素的结构体数组 stu,其中每个元素都是 struct student 类型,用于记录全班同学的成绩单。

```
struct Student
    {
        int no;
        char name[20];
        char sex;
        int age;
        float score[4];
    } stu[50];
```

11.1.3.2　结构体数组的引用

例 11-1:生成全班同学的本学期所选课程的成绩单。

```
#include "stdio.h"
    #include "string.h"
    #include "stdlib.h"
    struct Student
        {
            int no;
            char name[20];
            char sex;
            int age;
            float score[4];
        }

    void main()
    {
        struct Student stu[50];
        int i,j,num;
        char c,temp[20];
        printf("准备输入全班同学的成绩单!");
        printf("先输入班级的人数!");
        scanf("%d",&num);
    for(i=0;i<num;i++)
        {
```

```
    while((c = getchar())! = '\n' && c! = EOF)  ;//清除上一次输
入缓冲区残留;
        printf("学号:");
        gets(temp);
        stu[i].no=atoi(temp);
        printf("姓名:");
        gets(stu[i].name);
        printf("性别:");
        stu[i].sex=getchar();
        getchar();                        //吸收回车符;
        printf("年龄:");
        gets(temp);
        stu[i].age=atoi(temp);
        printf("依次输入各课程成绩:");
        for(j=0;j<4;j++)
          scanf("%f",&stu[i].score[j]);
    }
    //可以对成绩单进行各种处理;
    printf("学号    姓名    性别    年龄    课程1    课程2    课程3
课程4 \n");
    for(i=0;i<num;i++)
    {
        printf("%d %s %c %d",stu[i].no,stu[i].name,stu[i].sex,stu[i].
age);
        for(j=0;j<4;j++)
          printf("%f ",stu[i].score[j]);
        printf(" \n");
    }
}
```

例 11-2:对上面成绩单按学号进行从小到大排序。

```
void sort(struct Student a[ ],int n)
{   int i,j;
    struct Student temp;
    for(i=0;i<n-1;i++)
```

```
    for( j=0;j<n-i-1;j++)
    if( stu[j].no>stu[j+1].no )
      {  temp=stu[j];
         stu[j]=stu[j+1];
         stu[j+1]=temp;
      }
  }
```

11.1.4 结构体指针变量

结构体变量地址:结构体变量地址就是结构体变量在内存中的起始地址。

结构体指针变量:指向结构体变量的指针变量。结构体指针变量的值是结构体变量(在内存中的)起始地址。

11.1.4.1 结构体指针变量

结构体指针变量的定义: struct 结构体名 *结构体指针变量名;

例如:struct Student * p;定义了一个结构体指针变量,它可以指向一个struct Student 结构体类型的数据。

11.1.4.2 通过结构体指针变量访问结构体变量的成员

(1)(*结构体指针变量名). 成员名。"( )"和"."运算符优先级相同,左结合。

(2)结构体指针变量名->成员名。

例如:可以使用(*p).age 或 p->age 访问 p 指向的结构体的 age 成员。

例 11-3:用指针访问例 11-2 所给出结构体变量及结构体数组。

```
void main( )
  {
    struct Student stu[50];
    struct Student * p;
    int i,j;
    char c,temp[20];
    p=stu;i=0;
    while( i<50)
    {while((c=getchar()) ! = ´\n´ && c ! = EOF)   ;//清除上一次
输入缓冲区残留;
        printf("学号:"); gets(temp);      p->no=atoi(temp);
        printf("姓名:"); gets(p->name);
```

```
        printf("性别:");   p->sex=getchar(); getchar();
        printf("年龄:"); gets(temp);       p->age=atoi(temp);
        printf("依次输入各课程成绩:");
        for(j=0;j<4;j++)
          scanf("%f",&p->score[j]);
        p++;i++;
     }
  }
```

11.1.5 链表

11.1.5.1 动态存储分配

前面学习了数组,对于批量处理的数据,我们可以用数组来完成数据的接收存储,以备处理,但数组有个最大的特点,就是要求对于数组元素所分配的内存单元必须是连续的,并且是一次性全部分配完毕的,这就导致了系统内存单元中虽有足够可供使用的空闲内存单元,但不连续,这样的内存要求也无法满足数组需要。此外,在实际的编程中,往往会发生这种情况,即所需的内存空间取决于实际输入的数据,而无法预先确定,即无法预先一次性全部分配。对于这种问题,用数组的办法很难解决。为了解决上述问题,C语言提供了一些内存管理函数,这些内存管理函数可以按需要动态地分配内存空间,也可把不再使用的空间回收待用,提供了对内存资源进行有效的利用的方法。我们在函数一章已经做了介绍。可以利用内存管理函数为用户随机的分配要使用的内存单元,并在使用结束后归还给系统。提高系统资源的利用率。

例11-4:分配一块区域,输入一个学生数据。

```c
#include "stdio.h"
#include "stdlib.h"
struct Student
       {int no;
        char name[20];
        char sex;   int age;
        float score[4];
       }
void main()
{   struct Student *p;
    p=(struct Student *)malloc(sizeof(struct Student));
```

```
    p->no = 102;      p->name = "张明";
    p->sex = '男';      p->age = 19;
    p->score[0] = 92; p->score[1] = 86.5; p->score[2] = 90; p->score
[3] = 88.5;
    printf("NO = %d    Name = %s Sex = %c Age = %d", p->no, p->name,
p->sex, p->age);
    printf("Score1 = %fScore2 = %fScore3 = %fScore4 = %f", p->score[0],
p->score[1], \
        p->score[2], p->score[3]);
    free(p);
}
```

本例中,定义了结构 Student 和 Student 类型指针变量 p,然后分配一块
Student 大内存区,并把首地址赋予 p,使 p 指向该区域。再以 p 为指向结构的
指针变量对各成员赋值,并用 printf 输出各成员值。最后用 free 函数释放 p 指
向的内存空间。整个程序包含了申请内存空间、使用内存空间、释放内存空间
三个步骤,实现存储空间的动态分配。

11.1.5.2 链表的概念

采用了动态分配的办法为一个结构分配内存空间。每一次分配一块空间
可用来存放一个学生的数据,我们可称之为一个结点。有多少个学生就应该
申请分配多少块内存空间,也就是说要建立多少个结点。当然用结构数组也
可以完成上述工作,但如果预先不能准确把握学生人数,也就无法确定数组大
小。而且当学生留级、退学之后也不能把该元素占用的空间从数组中释放出
来。

用动态存储的方法可以很好地解决这些问题。有一个学生就分配一个结
点,无需预先确定学生的准确人数,某学生退学,可删去该结点,并释放该结点
占用的存储空间,从而节约了宝贵的内存资源。另一方面,用数组的方法必须
占用一块连续的内存区域,而使用动态分配时,每个结点之间可以是不连续的
(结点内是连续的)。结点之间的联系可以用指针实现,即在结点结构中定义
一个成员项用来存放下一结点的首地址,这个用于存放地址的成员,常把它称
为指针域。

可在第一个结点的指针域内存入第二个结点的首地址,在第二个结点的
指针域内又存放第三个结点的首地址,如此串连下去直到最后一个结点。最
后一个结点因无后续结点连接,其指针域可赋为 0。这样一种连接方式,在数
据结构中称为"链表",见图 11-2。

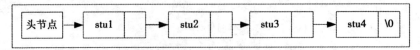

图 11-2　链表结构示意图

图 11-2 中,第 0 个结点称为头结点,它存放有第一个结点的首地址,它没有数据,只是一个指针变量。以下的每个结点都分为两个域,一个是数据域,存放各种实际的数据,如学号 no,姓名 name,性别 sex 和成绩 score 等,另一个域为指针域,存放下一结点的首地址。链表中的每一个结点都是同一种结构类型。

例如,一个存放学生学号和成绩的结点应为以下结构:

```
struct stu
{ int no;
 Char name[20];
   int score;
   struct stu * next;
}
```

前两个成员项组成数据域,后一个成员项 next 构成指针域,它是一个指向 stu 类型结构的指针变量。

链表的基本操作对链表的主要操作有以下几种:建立链表;结构的查找与输出;插入一个结点;删除一个结点;

例 11-5:建立一个三个结点的链表,存放学生数据。编写一个建立链表的函数 creat。

```
#define NULL 0
#define LEN sizeof ( struct stu )
struct stu
    { int no
     char name;
     float score ;
     struct stu * next;
      };
struct stu    * creat( int n)
    { struct stu * head, * p, * q;
     int i;
     for( i=0;i<n;i++)
```

```
  { p = ( struct stu  *  ) malloc( LEN ) ;
    printf( "输入学生信息\n" ) ;
    scanf( "%d%s%f" ,&p->no,p->s,&p->score ) ;
    if( i = = 0 )
        head = q = p ;
    else
      q->next = p ;
    p->next = NULL ;
    q = p ;
  }
    return( head ) ;
}
```

creat 函数用于建立一个有 n 个结点的链表,它是一个指针函数,它返回的指针指向 stu 结构。在 creat 函数内定义了三个 stu 结构的指针变量。head 为头指针,q 为指向当前节结点的指针变量。P 新节点的指针变量。

11.2 联合体

11.2.1 联合体(联合,共同体)

联合体:将不同类型的数据项存放于同一段内存单元的一种构造数据类型。

与结构体类似,在联合体内可以定义多种不同数据类型的成员,区别是,在联合体类型变量所有成员共用一块内存单元。虽然每个成员都可以被赋值,但只有最后一次赋予的成员值能够保存且有意义,前面赋予的成员值被后面赋予的成员值所覆盖。

联合体类型、联合体类型变量的定义

(1)联合体类型定义的一般形式:

union 联合体名

{ 类型 1 成员 1;

类型 2 成员 2;

  ......

类型 n 成员 n;

};

（2）联合体类型变量的定义方法同结构体变量的定义（三种形式，同时定义，前后定义，匿名定义）。

例如：

```
union data
{
    int a;
    float b;
    char c;
};
union data x,y;
```

（3）联合体变量的引用，对联合体变量的赋值，使用都是对变量的成员进行的，联合体变量的成员表示为：联合体变量名、成员名。

使用联合体类型数据时应注意联合体数据的以下特点：

（1）同一内存段可以用来存放不同类型的成员，但是每一瞬时只能存放其中的一种（也只有一种有意义）。

（2）联合体变量中有意义的成员是最后一次存放的成员。

例如：在 x.a＝1；x.b＝3.6；x.c＝'H'语句后；当前只有 x.c 有意义（x.a，x.b 也可以访问，但没有实际意义）。

（3）联合体变量的地址和它的成员的地址都是同一地址。即 &x.a＝&x.b＝&x.c＝&x。

（4）除整体赋值外，不能对联合体变量进行赋值，也不能企图引用联合体变量来得到成员的值。不能在定义联合体变量时对联合体变量进行初始化（因为系统不清楚是为哪个成员赋初值）。

（5）可以将联合体变量作为函数参数，函数也可以返回联合体，联合体指针。

（6）联合体，结构体可以相互嵌套。

例 11-6：学校的人员数据管理，教师的数据包括：编号、姓名、性别、职务。学生的数据包括：编号、姓名、性别、班号。如果将两种数据放在同一个表格中，那么有一栏，对于教师登记教师的"职务"，对于学生则登记学生的"班号"（对于同一人员不可能同时出现）。编写输入函数；

```
#include "stdio.h"
struct person
{   int no;
    char name[20];
```

```
        char sex;
        char identity;/* 人员标志:s-学生,t-教师 */
        union
        {
            int class;
            position[20];
        } category;
};
int input(struct person a[])   /*输入人员信息,返回人员数 */
{   int i;
for(i=0;  i<100;  i++)
    { printf("编号:");  scanf("%ld",&a[i].num);
        while((c = getchar()) ! = '\n' && c ! = EOF)   ;//清除上一次
输入缓冲区残留;
        if(a[i].num = =-1) break;
        printf("姓名:");
        scanf("%s",&a[i].name);
        while((c = getchar()) ! = '\n' && c ! = EOF);
        printf("性别:");
        scanf("%c",&a[i].sex);
        while((c = getchar()) ! = '\n' && c ! = EOF);
        printf("身份(s-student,t-teacher):");
scanf("%c",&a[i].identity);
        while((c = getchar()) ! = '\n' && c ! = EOF);
        if(a[i].identity = ='s')   /* 如果是学生的信息 */
        { printf("班级:");
            scanf("%d",&a[i].category.class);
            while((c = getchar()) ! = '\n' && c ! = EOF);
        }
        else   /* 否则是教师的信息 */
        { printf("职称:");
            scanf("%s",&a[i].category.position);
            while((c = getchar()) ! = '\n' && c ! = EOF);
        }
```

```
        }
    return i;  /＊返回输入人员的数 ＊/
}
void main( )
{
    int n;
    struct person per[100];  /＊人员情况数组 ＊/
    n＝input(per);  /＊输入数据 ＊/
    printf("输入了%d 个人员信息",n);
}
```

11.2.2　枚举类型

11.2.2.1　枚举类型定义

enum 枚举类型名｛枚举元素(或:枚举常量)列表｝;

11.2.2.2　枚举变量定义

(1)定义枚举类型的同时定义变量:enum 枚举类型名｛枚举常量列表｝枚举变量列表;

(2)先定义类型后定义变量:enum 枚举类型名　枚举变量列表;

(3)匿名枚举类型:enum ｛枚举常量列表｝枚举变量列表;

例如:

enum weekday｛sun,mon,tue,wed,thu,fri,sat｝;

/＊定义枚举类型 enum weekday,取值范围:sun,mon...sat。＊/

enum weekday week1,week2;

/＊定义 enum weekday 枚举类型的变量 week1,week2,其取值范围:sun, mon,...,sat。＊/

week1＝wed;　week2＝fri; /＊ 可以用枚举常量给枚举变量赋值 ＊/

11.2.2.3　关于枚举的说明

(1)enum 是标识枚举类型的关键词,定义枚举类型时应当用 enum 开头。

(2)枚举元素(枚举常量)由程序设计者自己指定,命名规则与标识符的命名规则。这些名字是符号,可以提高程序的可读性。

(3)枚举元素在编译时,按定义时的排列顺序取值 0,1,2…(类似整型常数)

(4)枚举元素是常量,不是变量(看似变量,实为常量),可以将枚举元素赋值给枚举变量,但是不能给枚举常量赋值。在定义枚举类型时可以给这些枚举常量指定整型常数值(未指定值的枚举常量的值是前一个枚举常量的值+1)。

例如:enum weekday{sun=7,mon=1,tue,wed,thu,fri,sat};

(5)枚举常量不是字符串。

(6)枚举变量、枚举常量都可以参与整型数据能完成的运算,如算术/关系/赋值等运算。

11.3　用 typedef 定义类型

11.3.1　使用 typedef 关键词

格式:typedef 类型定义 类型名;

说明:typedef 是定义了一个新的类型的名字,没有建立新的数据类型,它是已有类型的别名。使用类型定义,可以增加程序可读性,简化书写。

例如:typedef int INTEGER;

typedef float REAL;

INTEGER i,j;　　REAL a,b;

11.3.2　类型定义的典型应用

(1)定义一种新的数据类型,作简单的名字替换。

例如:typedef unsigned int UINT;　/* 定义 UINT 是无符号整型类型 */

UINT u1;　　　　　　/* 定义 UINT 类型(无符号整型)变量 u1 */

(2)简化数据类型的书写。

typedef struct

{　int month;　int day;　int year;

}DATE;　/*定义 DATE 是一种结构体类型 */

DATE birthday, * p, d[7];

注意:用 typedef 定义的结构体类型不需要 struct 关键词,简洁。

(3)定义数组类型。

typedef int NUM[100];　/*定义 NUM 是 100 个数的整型数组类型(存放 100 个整数) */

NUM n;　/*定义 NUM 类型(100 个数的整型数组)的变量 n */

(4)定义指针类型。

typedef char * STRING;　/*定义 STRING 是字符指针类型 */

STRING p； ／＊定义 STRING 类型(字符指针类型)的变量 p ＊／

11.4　位运算

在计算机内部,数据的存储、运算都是以二进制形式进行的,1 个字节里有 8 个二进制位。位运算就是针对二进制位的运算。位运算的操作对象一般是整型或字符型。位运算是 C 语言的低级语言特性,广泛应用于对底层硬件,外围设备的状态检测和控制。

11.4.1　左移"<<"运算符

左移运算符"<<"功能:将一个数的各个二进制位全部向左平移若干位(左边移出的部分忽略,右边补 0)。每左移 1 位,相当于乘 2,左移 n 位相当于乘 2^n。(数字可以展开为 2 二进制,按权展开,数字乘 2,幂升 2,相当于向左移动了 1 位)

例如:unsigned char a＝26； ／＊ $(26)_{10}＝(0001,1010)_2＝(1A)_{16}$ ＊／
a＝a<<2； ／＊ $(0110,1000)_2＝(68)_{16}＝(104)_{10}$ ＊／

11.4.2　右移">>"运算符

右移运算符">>"功能:将一个数的各个二进制位全部向右平移若干位(右边移出的部分忽略,右边对无符号数补 0,有符号数补符号位)。每右移 1 位,相当于除 2,左移 n 位相当于除 2n。

例如:unsigned char a＝0x9A； ／＊ $(9A)_{16}＝(154)_{10}＝(1001,1010)_2$ ＊／

a＝a>>2； ／＊ $(0010,0110)_2＝(26)_{16}＝(38)_{10}$ ＊／

11.4.3　按位取反"~"运算符

按位取反"~"是单目运算符,对一个二进制数的每一位都取反。0 取反是 1,1 取反是 0。

例如:a＝00011010(1A)， ~a＝11100101(E5)。

11.4.4　按位与"&"运算符

将其两边数据对应的二进制位按位进行"与"运算。二者全为 1 结果为:1,否则为 0。

例如:a＝10111010(0xBA)；b＝01101110(0x6E) ；a&b＝00101010(0x2A)

结论:"与 1 位与"为 1,那么该位为 1;"与 1 位与"为 0,那么该位为 0。"与 1 位与"可用于检测某个位是 1 还是 0。

11.4.5　按位或"|"运算符

将其两边数据对应的二进制位按位进行"或"运算。二者只要有一个为 1结果为:1;否则为:0。(两者都为 0 时为 0)。

结论:与 0"位或"为 1,那么该位为 1;与 0"位或"为 0,那么该位为 0,就是说任何位"与 0 位或"还是等于这一位(保持不变)。

11.4.6　按位异或"^"运算符

将其两边数据对应的二进制位按位进行"异或"运算。若二者相同,结果为:0,若二者不同(相异),结果为:1。

结论:任何位"与 1 异或"都等价于对该位取反。

习题

11.1　选择题

(1)设有以下说明语句:

```
struct stu
｛    int a;
      float b;
｝stutype;
```

则下面的叙述不正确的是(　　　)。

A.struct 是结构体类型的关键字 P

B.struct stu 是用户定义的结构体类型

C.stutype 是用户定义的结构体类型名

D.a 和 b 都是结构体成员名

(2)下面程序的输出结果是(　　　)。

```
typedef struct
｛    long x[2];
      short y[4];
      char z[8];
｝MYTYPE;
```

MYTYPE a；

main( )

{ printf("%d\n" , sizeof(a)) ; }

A.2   B.8   C.14   D.24

(3)已知学生记录描述为：

struct student

{

int   no；

char name[20]；

char sex；

struct

{

  int year；

  char month[20]；

  int day；

} birth；

} ；

struct student s；

设变量 s 中的"生日"应是"1984 年 11 月 11 日"，下列对"生日"的正确赋值方式是(   )。

A.s.birth.year = 1984；

  s.birth.month = "11" ；

  s.birth.day = 11；

B.s.birth.year = 1984；

  s.birth.month = 11；

  s.birth.day = 11；

C.s.birth.year = 1984；

  strcpy(s.birth.month , "11") ；

  s.birth.day = 11；

D.s.birth.year = 1984；

  s.birth.month[ ] = { "11" } ；

  s.birth.day = 11；

(4)已知

struct sk

```
{
int a;
float b;
}data, * p;
```

若有 p＝&data 则对 data 中成员 b 的正确引用是(   )。

A.(＊p).data   B.(＊p).b   C.p->data.b   D.p.data.b

(5)以下选项中属于 C 语言的数据类型是(   )。

A.复数型   B.逻辑型   C.集合型   D.双精度型

(6)union uex {int i;float f;char c;}ex;则在 TC2.0 下 sizeof(ex)的值是

(   )。

A.4   B.5   C.6   D.7

(7)若有以下说明和定义

```
union dt
{    int a;char b;double c; }data;
```

以下叙述中错误的是(   )。

A.data 的每个成员起始地址都相同

B.变量 data 所占的内存字节数与成员 c 所占字节数相等

C.程序段:data.a＝5;printf("%f\n",data.c);输出结果为 5.000000

D.data 可以作为函数的实参

(8)设有如下说明

```
typedef struct ST
{      long a; int b; char c[2]; }NEW;
```

则下面叙述中正确的是(   )。

A.以上的说明形式非法   B.ST 是一个结构体类型

C.NEW 是一个结构体类型   D.NEW 是一个结构体变量

(9)设有以下说明语句

```
struct stu
{    int a;
float b;
} stutype;
```

则下面的叙述不正确的是(   )。

A.struct 是结构体类型的关键字

B.struct stu 是用户定义的结构体类型

C.stutype 是用户定义的结构体类型名

D.a 和 b 都是结构体成员名

(10)对于以下程序段,运行后 i 值为(　　)。

```
enum    weeks  {1,2,3,4,5,6,7};
enum    weeks  a=1;
int i=0;
switch(a)
{   case 1:i=1;
    case 2:i=2;
    default:i=3;
}
```

A.1　　B.0　　C.3　　D.上述程序有语法错误

(11)若程序中有以下的说明和定义:

```
struct   abc
{ int x;
char y;}
struct abc s1,s2;
```

则会发生的情况是(　　)。

A.编译时出错　　　　　　　　　　　B.程序将顺序编译、连接、执行

C.能顺序通过编译、连接,但不能执行　D.能顺序通过编译,但连接出错

(12)有以下程序段

```
struct   st
{   int   x;
    int   *y;
} *pt;
int a[]={1,2},b[]={3,4};
struct st   c[2]={10,a,20,b};
pt=c;
```

以下选项中表达式的值为 11 的是(　　)。

A.*pt->y　　B.pt->x　　C.++pt->x　　D.(pt++)->x

(13)有以下说明和定义语句

```
struct   student
{   int age;
    char num[8];
};
```

struct student stu [3] = {{ 20," 200401 "},{ 21," 200402 "},{ 19," 200403 "}};

struct student 　* p = stu;

以下选项中引用结构体变量成员的表达式错误的是(　　　)。

A.(p++)->num　　　B.p->num　　　C.(*p).num　　　D.stu[3].age

(14)以下叙述错误的是(　　　)。

A.可以通过 typedef 增加新的类型

B.可以用 typedef 将已存在的类型用一个新的名字来代表

C.用 typedef 定义新的类型名后,原有类型名仍有效

D.用 typedef 可以为各种类型起别名,但不能为变量起别名

(15)设有以下语句 typedef　struct　S

{　int　g;

　　char　h;

}T;

则下面叙述中正确的是(　　　)。

A.可用 S 定义结构体变量　　　　　B.可以用 T 定义结构体变量

C.S 是 struct 类型的变量　　　　　D.T 是 struct S 类型的变量

11.2　阅读程序完成任务

(1)以下程序运行后的输出结果是＿＿＿＿＿＿＿＿。

```
struct NODE
{   int k;
    struct NODE *link;
};
int main( )
{    struct NODE  m[5],*p=m,*q=m+4;
     int i=0;
     while(p! =q)
{
        p->k=++i; p++;
        q->k=i++; q--;
     }
     q->k=i;
     for(i=0;i<5;i++) printf("%d",m[i].k);
```

```
            printf( " \n" );
        return 0;
        }
```

（2）head 为指向以下结构的链表指针，统计链表中所有 inf 域值之和 s 的程序段如下，请将程序补全。

```
struct   nlist {
                    int   inf;
                    struct   nlist   * next;
                    } * head, * p;
long    s;
For( p = head, s = 0 ;_____ ; p = p->next )
s+ =_____ ;
```

（3）以下程序输出结果是_____。

```
struct stu
{    int x ;
     int * y;
} * p ;
int dt[4] = { 10 , 20 , 30 , 40 };
struct stu a[4] = {50 , &dt[0] , 60 , &dt[1] , 70 , &dt[2] , 80 , &dt
[3] };
int main( )
{    p = a;
     printf( "%d," , ++p->x); //语句 1
     printf( "%d," , (++p)->x ); //语句 2
     printf( "%d/n" , ++( * p->y) ); //语句 3
     return 0;
}
```

11.3   编写程序

（1）建立一个结构体，包含学生姓名和成绩，从键盘输入学生的姓名和成绩，然后输出。

（2）定义一个结构体，利用结构体变量求解两个复数之积。

（3）建立一个链表，从键盘输入字符，输入字符 0 时停止，然后输出这些字符。

（4）定义一个表示时间的结构（包括时、分、秒）类型，定义由这种类型的参数计算总秒数的函数。

（5）编程序实现将一个链表按逆序排列，即将链表头当链表尾，链表尾当链表头。

（6）编程实现下面功能：有 5 个学生，每个学生的数据包括学号、姓名、3 门课的成绩，从键盘输入 5 个学生数据。要求计算并输出 3 门课的平均成绩，以及最高分的学生的成绩（输出信息包括学号、姓名、3 门课的成绩、平均分数）。

编程要求：用一个 input 函数输入 5 个学生数据；用一个 average 函数求总平均分；用 max 函数找出最高分学生数据；总平均分和最高分的学生的数据都在主函数中输出。

（7）编程完成链表的创建、增加、删除和查找，节点内容自定。主函数完成不同功能的选择和控制执行，具体功能由四个函数实现。

12 文件

12.1 文件概述

12.1.1 文件

存储在外部介质上一组相关数据的集合。

例如,程序文件就是程序代码的集合;数据文件是数据的集合。

12.1.2 文件名

操作系统以文件为单位对数据进行管理,每个文件有一个名称,文件名是文件的标识,操作系统通过文件名访问文件。

例如,通过文件名查找,打开文件,然后读取或写入数据。

12.1.3 磁盘文件、设备文件

(1)磁盘文件:文件一般保存在磁介质(如软盘、硬盘)上,所以称为磁盘文件。

(2)设备文件:操作系统还经常将与主机相连接的 I/O 设备(使用键盘输入文件、显示器、使用打印机输出文件)也看作为文件,即设备文件。

很多磁盘文件的概念、操作,对设备文件也同样有意义、有效。

12.1.4 ASCII 文件、二进制文件

根据组织形式,文件可以分为 ASCII 文件和二进制文件。

(1)ASCII 文件(文本文件):每个字节存放一个 ASCII 码,代表一个字符。ASCII 文件可以阅读,可以打印,但是它与内存数据交换时需要转换。

(2)二进制文件:将内存中的数据按照其在内存中的存储形式原样输出、并保存在文件中。二进制文件占用空间少,内存数据和磁盘数据交换时无须转换,但是二进制文件不可阅读、打印。

例如:同样的整数 10 000,如果保存在文本文件中,就可以用 notepad,edit 等文本编辑器阅读,也可以在 dos 下用 type 命令显示,它占用 5 个字节;如果

保存在二进制文件中,不能阅读,但是我们知道一个整数在内存中用补码表示并占用 2 个字节,所以如果保存在二进制文件中就占用 2 个字节。

文本文件和二进制文件不是用后缀来确定的,而是以内容来确定的,但是文件后缀往往隐含其类别,如 *.txt 代表文本文件, *.doc, *.bmp, *.exe 二进制文件。

12.1.5 缓冲文件系统、非缓冲文件系统

(1)缓冲文件系统:系统自动地在内存中为每个正在使用的文件开辟一个缓冲区。在从磁盘读数据时,一次从磁盘文件将一些数据输入到内存缓冲区(充满缓冲区),然后再从缓冲区逐个将数据送给接受变量;向磁盘文件输出数据时,先将数据送到内存缓冲区,装满缓冲区后才一起输出到磁盘。减少对磁盘的实际访问(读/写)次数。ANSI C 只采用缓冲文件系统。

(2)非缓冲文件系统:不由系统自动设置缓冲区,而由用户根据需要设置。

C 语言中没有输入输出语句,对文件的读写都是用库函数实现的。

12.2 文件类型指针

12.2.1 文件类型(结构体) – FILE 类型

FILE 类型是一种结构体类型,在 stdio.h 中定义,用于存放文件的当前的有关信息。程序使用一个文件,系统就为此文件开辟一个 FILE 类型变量。程序使用几个文件,系统就开辟几个 FILE 类型变量,存放各个文件的相关信息。

```
typedef struct
{
    short         level;            /* fill/empty level of buffer */
    unsigned      flags;            /* 文件状态标志    */
    char          fd;               /* 文件描述符         */
    unsigned char hold;             /* Ungetc char if no buffer */
    short         bsize;            /* 缓冲区大小 */
    unsigned char * buffer;         /* 数据传输缓冲区 */
    unsigned char * curp;           /* 当前激活指针 */
    unsigned      istemp;           /* 临时文件指示器 */
    short         token;            /* 用于合法性校核 */
```

} FILE；

12.2.2 文件指针变量(文件指针)

通常对 FILE 结构体的访问是通过 FILE 类型指针变量(简称:文件指针)完成,文件指针变量指向文件类型变量,简单地说,文件指针指向文件。

事实上只需要使用文件指针完成文件的操作,根本不必关心文件类型变量的内容。在打开一个文件后,系统开辟一个文件变量并返回此文件的文件指针;将此文件指针保存在一个文件指针变量中,以后所有对文件的操作都通过此文件指针变量完成;直到关闭文件,文件指针指向的文件类型变量释放。

例如:

FILE ＊ fp；

fp＝fopen("mydata.txt",…)；／＊ 打开文件时,系统开辟一个文件变量,并返回文件指针,将此指针赋值(保存)给文件指针变量 fp ＊／

…(文件操作函数,会引用文件指针 fp)

fclose(fp)；／＊关闭文件,释放文件指针 fp 指向的文件变量 ＊／

12.3 文件的操作

对文件的操作步骤是:先打开,后读写,最后关闭。

12.3.1 文件的打开

(1)文件打开后才能进行操作,文件打开通过调用 fopen 函数实现。

fopen 函数原型:FILE ＊ fopen(char ＊ filename,char ＊ mode)；
可见函数返回值是一个文件指针类型,代表所打开的文件在缓冲区中起始位置。其中参数 filename 为字符串,代表要打开文件所在的存储位置,mode 参数表明文件打开的操作方式。

例如:

FILE ＊fp；

fp＝fopen("d:\\file1.txt","r")；

说明:

①打开 d:盘根目录下文件名为 file1.txt 的文件,打开方式"r"表示只读。

②fopen 函数返回指向 d:\file1.txt 的文件指针,然后赋值给 fp,fp 指向此文件,即 fp 与此文件关联。

③关于文件名要注意:文件名包含文件名.扩展名;路径要用"\\"表示。

④关于打开方式,可以参看表 12-1。

表 12-1 文件操作模式

文件使用方式	意义
"r"	只读打开一个文本文件,只允许读数据
"w"	只写打开或建立一个文本文件,只允许写数据
"a"	追加打开一个文本文件,并在文件末尾写数据
"rb"	只读打开一个二进制文件,只允许读数据
"wb"	只写打开或建立一个二进制文件,只允许写数据
"ab"	追加打开一个二进制文件,并在文件末尾写数据
"r+"	读写打开一个文本文件,允许读和写
"w+"	读写打开或建立一个文本文件,允许读写
"a+"	读写打开一个文本文件,允许读,或在文件末追加数据
"rb+"	读写打开一个二进制文件,允许读和写
"wb+"	读写打开或建立一个二进制文件,允许读和写
"ab+"	读写打开一个二进制文件,允许读,或在文件末追加数据

(2)文件打开有以下几种方式:

①文件打开一定要检查 fopen 函数的返回值。因为有可能文件不能正常打开。不能正常打开时 fopen 函数返回 NULL。

可以用下面的形式检查:

if((fp = fopen(…)) = = NULL) { printf(" error open file \n") ; exit(1) ; }

②"r"方式:只能从文件读入数据而不能向文件写入数据。该方式要求欲打开的文件已经存在。

③"w"方式:只能向文件写入数据而不能从文件读入数据。如果文件不存在,创建文件,如果文件存在,原来文件被删除,然后重新创建文件(相当覆盖原来文件)。

④"a"方式:在文件末尾添加数据,而不删除原来文件。该方式要求欲打开的文件已经存在。

⑤"+"("r+,w+,a+"):均为可读、可写。但是"r+","a+"要求文件已经存在,"w+"无此要求;"r+"打开文件时文件指针指向文件开头,"a+"打开文件时文件指针指向文件末尾。

⑥"b、t":以二进制或文本方式打开文件。默认是文本方式,t 可以省略。读文本文件时,将"回车"/"换行"转换为一个"换行";写文本文件时,将"换

行"转换为"回车/换行"。

⑦程序开始运行时,系统自动打开三个标准文件:标准输入,标准输出,标准出错输出。一般这三个文件对应于终端(键盘、显示器)。这三个文件不需要手工打开,就可以使用。标准文件:标准输入,标准输出,标准出错输出对应的文件指针是 stdin,stdout,stderr。

12.3.2　文件的关闭

文件使用完毕后必须关闭,才能将文件缓冲区内的所有数据写回到文件中,若不关闭文件直接退出,会导致数据丢失。

fclose 函数原型:int fclose(FILE ＊ fp);

文件关闭成功函数返回 0;否则返回-1;

12.3.3　文件的读写

12.3.3.1　字符读写函数

(1)写一个字符到磁盘文件。

函数原型:int fputc(char ch,FILE ＊ fp)

功能:将字符 ch(可以是字符表达式,字符常量、变量等)写入 fp 所指向的文件。

返回:输出成功返回值,输出的字符 ch;输出失败,返回 EOF(-1)。

其他说明:每次写入一个字符,文件位置指针自动指向下一个字节。

例 12-1:从键盘输入一行字符,写入到文本文件 string.txt 中。

```
#include "stdio.h"
main( )
{   FILE  ＊fp;
  char ch;
  if( ( fp = fopen( "string.txt","w") ) = = NULL)   ／＊打开文件 string.txt
(写) ＊/
    {
      printf( "can′t open file\n");   exit(1);
    }
  do          ／＊不断从键盘读字符并写入文件,直到遇到换行符 ＊/
  {  ch = getchar( );              ／＊ 从键盘读取字符 ＊/
    fputc( ch,fp);              ／＊将字符写入文件 ＊/
  }while(ch! = ′\n′);
```

```
    fclose(fp);    /* 关闭文件 */
}
```

（2）从磁盘文件读一个字符。

函数原型：int fgetc(FILE * fp)

功能：从 fp 所指向的文件读一个字符，字符由函数返回。返回的字符可以赋值给 ch，也可以直接参与表达式运算。

返回：输入成功返回值，输入的字符；遇到文件结束，返回 EOF(-1)。

其他说明：

①每次读入一个字符，文件位置指针自动指向下一个字节。

②文本文件的内部全部是 ASCII 字符，其值不可能是 EOF(-1)，所以可以使用 EOF(-1)确定文件结束，但是对于二进制文件不能这样做，因为可能在文件中间某个字节的值恰好等于-1，如果此时使用-1 判断文件结束是不恰当的。为了解决这个问题，ANSI C 提供了 feof(fp)函数判断文件是否真正结束。

③feof 函数既适合文本文件，也适合二进制文件文件结束的判断。

例 12-2：将磁盘上一个文本文件的内容复制到另一个文件中。

```c
#include "stdio.h"
main( )
{   FILE * fp_in, * fp_out;
    char infile[20],outfile[20];
    printf("Enter the infile  name:");
    scanf("%s",infile);           /* 输入欲拷贝源文件的文件名 */
    printf("Enter the outfile name:");
    scanf("%s",outfile);            /* 输入拷贝目标文件的文件名 */
    if((fp_in=fopen(infile,"r"))==NULL)   /* 打开源文件 */
    {   printf("can't open file:%s",infile);  exit(1);  }
    if((fp_out=fopen(outfile,"w"))==NULL)   /* 打开目标文件 */
    {
      printf("can't open file:%s",outfile);  exit(1);
    }
    while(! feof(fp_in))         /* 若源文件未结束 */
      fputc(fgetc(fp_in),fp_out);            /* 从源文件读一个字符,写
入目标文件 */
    fclose(fp_in);
```

```
fclose(fp_out);
}
```

12.3.3.2　字符串读写函数

（1）从磁盘文件读一个字符串。

函数原型：char * fgets(char * str,int n,FILE * fp)

功能：从 fp 所指向的文件读 n-1 个字符,并将这些字符放到以 str 为起始地址的单元中。如果在读入 n-1 个字符结束前遇到换行符或 EOF,读入结束。字符串读入后最后加一个' \0'字符。

返回：输入成功返回值,输入串的首地址;遇到文件结束或出错,返回NULL。

例 12-3：编制一个将文本文件中全部信息显示到屏幕上的程序。

```
#include "stdio.h"
void main(int argc,char * argv[])
{   FILE * fp;
    char string[81];
    if(argc!  =2||(fp=fopen(argv[1],"r"))==NULL)
    {     printf("can't open file"); exit(1); }
    fgets(string,81,fp);
    printf("%s",string);
    fclose(fp);
}
```

（2）写一个字符串到磁盘文件。

函数原型：int fputs(char * str,FILE * fp)

功能：向 fp 所指向的文件写入以 str 为首地址的字符串。

返回：输入成功返回值 0;出错返回非 0 值。

例 12-4： 在文本文件 string.txt 末尾添加若干行字符。

```
#include "stdio.h"
#include "string"
void main(int argc,char * argv[])
{   FILE * fp;
    char str[81];
    if(argc!  =2||(fp=fopen(argv[1],"a"))==NULL)
    {
        printf("can't open file"); exit(1);
```

```
    }
    gets(str);
    fputs(str,fp);
    printf("%s",string);
    fclose(fp);
}
```

12.3.3.3　格式化读写函数

格式化文件读写函数 fprintf,fscanf 与函数 printf,scanf 作用基本相同,区别在于 fprintf,fscanf 读写的对象是磁盘文件,printf,scanf 读写的对象是终端。

(1)数据块读写函数(一般用于二进制文件读写)。

从文件(特别是二进制文件)读写一块数据(如一个数组元素,一个结构体变量的数据–记录)使用数据块读写函数非常方便。

数据块读写函数的原型:

```
int fread(void *buffer,int size,int count,FILE *fp);
int fwrite(void *buffer,int size,int count,FILE *fp);
```

其中:

①buffer 是指针,对 fread 用于存放读入数据的首地址;对 fwrite 是要输出数据的首地址。

②size 是一个数据块的字节数(每块大小),count 是要读写的数据块的块数。

③fp 是文件指针。

④fread,fwrite 返回读取/写入的数据块的块数。

⑤以数据块方式读写,文件通常以二进制方式打开。

例 12-5:从键盘输入本学期 C 语言成绩单,然后把它们转存到磁盘文件 stud.dat 中。

```
#include <stdio.h>
#include <stdlib.h>
#include <ctype.h>
struct student
{   int num;
    char name[20];
    char sex;
    int age;
    float score;
};
```

```
void main( )
{    struct student stu;
char numstr[20],ch;
int i;
FILE * fp;
  if((fp=fopen("stu.dat","wb"))==NULL)    /*以二进制写方式打开
文件 */
  {         printf("can't open file stud.dat\n");
  exit(1);
  }
  do
{ printf("enter number:");   gets(numstr);   stu.num=atoi(numstr);
  printf("enter name:");     gets(stu.name);
  printf("enter sex:");    stu.sex=getchar( ); getchar( );
  printf("enter age:");   gets(numstr);    stu.age=atoi(numstr);
  printf("enter score:");   gets(numstr);    stu.score=atof(numstr);
  fwrite(&stud,sizeof(struct student),1,fp);
  printf("have another student record(y/n)?");
  ch=getchar( );
  getchar( );
} while(toupper(ch)=='Y');   /*循环读数据/写记录 */
  fclose(fp);
}
```

说明：

（1）空读：在输入字符，并按回车后，实际缓冲中有两个字符（如'f'和'\n'），只要前面有意义的字符（'f'），可以用"空读"吸收'\n'。

（2）什么情况要空读？如果后面的读取键盘是读取数字（整数/浮点数），不必空读；如果后面的读取键盘是读字符或字符串，应当"空读"。

12.3.4　文件的定位

对文件的读写可以顺序读写，也可以随机读写。

（1）文件顺序读写：从文件的开头开始，依次读写数据。

（2）文件随机读写（文件定位读写）：从文件的指定位置读写数据。

文件位置指针：在文件的读写过程中，文件位置指针指出了文件的当前读

写位置(实际上是:下一步读写位置),每次读写后,文件位置指针自动更新指向新的读写位置。注意区分:文件位置指针,文件指针。可以通过文件位置指针函数,实现文件的定位读写。文件位置指针函数有:

rewind 重返文件头函数;

fseek 位置指针移动函数;

ftell 获取当前位置指针函数。

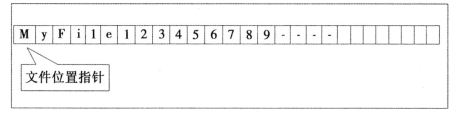

12.3.4.1 rewind 重返文件头函数

函数原型:void rewind(FILE *fp)

功能:使文件位置指针重返文件的开头。

例 12-6:有一个文本文件,第一次使它显示在屏幕上,第二次把它复制到另外一个文件中。

```
#include "stdio.h"
main( )
{
FILE *fp1, *fp2;
    fp1 = fopen("string.txt","r");    fp2 = fopen("string2.txt","w");
    while(! feof(fp1))        putchar(getc(fp1));
    rewind(fp1);
    while(! feof(fp1))        putc(getc(fp1),fp2);
    fclose(fp1);
fclose(fp2);
}
```

12.3.4.2 fseek 位置指针移动函数

函数原型:int fseek(FILE *fp,long offset,int base);

功能:移动文件读写位置指针,以便文件的随机读写。

参数:

(1)fp:文件指针。

(2)base:计算起始点(计算基准),计算基准可以是下面符号常量:

符号常量	符号常量的值	含义
SEEK_SET	0	从文件开头计算
SEEK_CUR	1	从文件指针当前位置计算
SEEK_END	2	从文件末尾计算

(3)offset:偏移量(单位:字节),从计算起始点开始再偏移 offset,得到新的文件指针位置。offset 为正,向后偏移;offset 为负,向前偏移。

例如:fseek(fp,100,0);/* 将位置指针移动到:从文件开头计算,偏移量为 100 个字节的位置 */

fseek(fp,-30,1);/* 将位置指针移动到:从当前位置计算,偏移量为-30 个字节的位置 */

例 12-7:编写一个程序,对文件 stud.dat 加密。加密方式是对文件中所有奇数个字符的低两位二进制位进行取反。

```
void main( )
{    FILE * fp;
    unsigned char ch1,ch2;
    if( ( fp = fopen( "stud.dat" ,"rb+" ) ) = = NULL)    /* 打开已经存在的文件,可写,二进制 */
    {    printf( "can´t open file stud.dat\n" );    exit(1);    }
    ch2 = 3;        /* 密匙 ch< = 00000011 */
    ch1 = fgetc(fp);/* 从文件读第一个字符,ch1 *
    while( ! feof(fp))
    {    ch1 = ch1^ch2;    /* 加密字符:与 1 异或该位取反;与 0 异或该位不变 */
        fseek(fp,-1,SEEK_CUR);    /* 写入原来位置 */
        fputc(ch1,fp);
        fseek(fp,1,SEEK_CUR);    /* 跳过一个字符(偶数字符),ch1 */
        ch1 = fgetc(fp);        /* 从文件读下一个字符,ch1 */
    }
    fclose(fp);    /* 关闭文件 */
}
```

12.3.4.3　ftell 获取当前位置指针函数

函数原型:long ftell(FILE * fp);

功能:得到文件当前位置指针的位置,此位置相对于文件开头的。

返回值:就是当前文件指针相对文件开头的位置。

习题

12.1 选择题

(1)fseek 函数的正确调用形式是( )。

A.fseek(文件指针,起始点,位移量)

B.fseek(文件指针,位移量,起始点)

C.fseek(位移量,起始点,文件指针)

D.fseek(起始点,位移量,文件指针)

(2)若 fp 是指向某文件的指针,且已读到文件末尾,则函数 feof(fp)的返回值是( )。

A.EOF　　　B.-1　　　C.1　　　D.NULL

(3)fscanf 函数的正确调用形式是( )。

A.fscanf(fp,格式字符串,输出表列);

B.fscanf(格式字符串,输出表列,fp);

C.fscanf(格式字符串,文件指针,输出表列);

D.fscanf(文件指针,格式字符串,输入表列);

(4)下列关于 C 语言数据文件的叙述中正确的是( )。

A.文件由 ASCII 码字符序列组成,C 语言只能读写文本文件

B.文件由二进制数据序列组成,C 语言只能读写二进制文件

C.文件由记录序列组成,可按数据的存放形式分为二进制文件和文本文件

D.文件由数据流形式组成,可按数据的存放形式分为二进制文件和文本文件

(5)要打开一个已存在非空文件"file",用于修改,选择正确的语句是( )。

A.fp=fopen("file","r");　　　　B. fp=fopen("file","w");

C.fp=fopen("file","r+");　　　　D.fp=fopen("file","w+");

(6)有以下程序

```
#include <stdio.h>
void WriteStr( char * fn,char * str)
{
```

```
    FILE  * fp;
    fp = fopen( fn ," w" ) ;
    fputs( str ,fp ) ;
    fclose( fp ) ;
}
int main( )
{
    WriteStr( " t1.dat " ," start " ) ;
    WriteStr( " t1.dat " ," end " ) ;
    return 0;
}
```

程序运行后,文件 t1.dat 中的内容是( )。

A.start　　 B.end　　 C.startend　　 D.endrt

12.2　填空题

(1)设 fp 是文件指针,要把字符变量 ch 的内容写入文件,可用的语句有_____。

(2)下面程序把从终端读入的文本(用@作为文本结束标志)输出到一个名为 bi.dat 的新文件中,请填空。

```
#include  " stdio.h"
FILE  * fp ;
{    char ch ;
if( ( fp = fopen( _____ ) = = NULL ) exit( 0 ) ;
    while( ( ch = getchar( ) )! = ′@ ′) fputc ( ch ,fp ) ;
    fclose( fp ) ;
}
```

(3)以下程序实现将一个文件的内容复制到另一个文件中,两个文件的文件名在命令行中给出。请补充完整。

```
#include<stdio.h>
int main( int argc ,char * argv[ ] )
{
FILE  * f1, * f2;
char   ch ;
f1 = fopen( argv[ 1 ] ," r" ) ;
```

f2 = fopen (argv [2] , " w ") ;

while _____ fputc (fgetc (f1) , _____) ;

    _____ ;

    _____ ;

    return 0

}

12.3 编写程序

(1)从键盘输入一字符串,并逐个将字符串的每个字符传送到磁盘文件,字符串的结束标志为"#"。

(2)写一个程序打印乘法九九表,并把九九表存入文件中。利用格式控制保证乘法表的各项能很好地对齐。

(3)给定程序 MODI1.C 的功能是:读入一行英文文本,将其中每个单词的最后一个字母改成大写,然后输出此文本行(这里的"单词"是指由空格隔开的字符串)到文件 word.dat 中。

例如,若输入 I am a student to take the examination,则应输出" I aM A studenT tO takE thE examination."。

(4)编写程序将自然数 1~10 以及它们的平方根写到名为 myfile3.txt 的文本文件中,然后再顺序读出显示在屏幕上。

(5)编写程序建立通讯录文件。通讯录中记录每位学生的编号、姓名和电话号码。班级的人数和学生的信息从键盘读入,每个人的信息作为一个数据块写到名为 myfile5.dat 的二进制文件中。

(6)编写程序将两个文件合并成一个新的文件。文件名由命令行给出。

参考文献

[1]谭浩强.C 程序设计[M].3 版.北京:清华大学出版社,2005.

[2]Harvey M.Deitel,Paul J Deitel. C How to program fourth edition.C 程序设计经典教程[M].聂雪军,贺军,译.北京:清华大学出版社,2006.

[3]杨开城,张志坤.C 语言程序设计教程、实验与练习[M].北京:人民邮电出版社,2002.

[4]孙成启,任洪娥,刁宏志,等.C 语言程序设计[M].哈尔滨:东北林业大学出版社,2001.

[5]吕新平,吴昊.二级 C 语言程序设计实战训练教程[M].西安:西安交通大学出版社,2006.

[6]全国计算机等级考试命题研究组.二级 C 语言程序设计[M].天津:南开大学出版社,2006.

附　　录

附录 A　ASCII 对照表

　　信息在计算机上是用二进制表示的,这种表示法让人很难理解,因此计算机上都配有输入和输出设备,这些设备的主要目的就是以一种人类可阅读的形式将信息在这些设备上显示出来供人阅读理解。为保证人类和设备,设备和计算机之间能进行正确的信息交换,人们编制的统一的信息交换代码,这就是 ASCII 码表,它的全称是"美国信息交换标准代码"。

十六进制	十进制	字符	十六进制	十进制	字符
00	0	nul	40	64	@
01	1	soh	41	65	A
02	2	stx	42	66	B
03	3	etx	43	67	C
04	4	eot	44	68	D
05	5	enq	45	69	E
06	6	ack	46	70	F
07	7	bel	47	71	G
08	8	bs	48	72	H
09	9	ht	49	73	I
0a	10	nl	4a	74	J
0b	11	vt	4b	75	K
0c	12	ff	4c	76	L
0d	13	er	4d	77	M
0e	14	so	4e	78	N
0f	15	si	4f	79	O
10	16	dle	50	80	P
11	17	dc1	51	81	Q
12	18	dc2	52	82	R

十六进制	十进制	字符	十六进制	十进制	字符
13	19	dc3	53	83	S
14	20	dc4	54	84	T
15	21	nak	55	85	U
16	22	syn	56	86	V
17	23	etb	57	87	W
18	24	can	58	88	X
19	25	em	59	89	Y
1a	26	sub	5a	90	Z
1b	27	esc	5b	91	[
1c	28	fs	5c	92	\
1d	29	gs	5d	93	]
1e	30	re	5e	94	^
1f	31	us	5f	95	_
20	32	sp	60	96	´
21	33	!	61	97	a
22	34	"	62	98	b
23	35	#	63	99	c
24	36	$	64	100	d
25	37	%	65	101	e
26	38	&	66	102	f
27	39	`	67	103	g
28	40	(	68	104	h
29	41	)	69	105	i
2a	42	*	6a	106	j
2b	43	+	6b	107	k
2c	44	,	6c	108	l
2d	45	-	6d	109	m
2e	46	.	6e	110	n
2f	47	/	6f	111	o
30	48	0	70	112	p
31	49	1	71	113	q
32	50	2	72	114	r

十六进制	十进制	字符	十六进制	十进制	字符
33	51	3	73	115	s
34	52	4	74	116	t
35	53	5	75	117	u
36	54	6	76	118	v
37	55	7	77	119	w
38	56	8	78	120	x
39	57	9	79	121	y
3a	58	:	7a	122	z
3b	59	;	7b	123	{
3c	60	<	7c	124	!
3d	61	=	7d	125	}
3e	62	>	7e	126	~
3f	63	?	7f	127	del

附录 B　C 语言运算符优先级

优先级	运算符	名称或含义	使用形式	结合方向	说明
1	[ ]	数组下标	数组名[常量表达式]	左到右	--
	( )	圆括号	(表达式)/函数名(形参表)		--
	.	成员选择(对象)	对象.成员名		--
	->	成员选择(指针)	对象指针->成员名		--
2	-	负号运算符	-表达式	右到左	单目运算符
	~	按位取反运算符	~表达式		
	++	自增运算符	++变量名/变量名++		
	--	自减运算符	--变量名/变量名--		
	*	取值运算符	*指针变量		
	&	取地址运算符	&变量名		
	!	逻辑非运算符	!表达式		
	(类型)	强制类型转换	(数据类型)表达式		--
	sizeof	长度运算符	sizeof(表达式)		--

优先级	运算符	名称或含义	使用形式	结合方向	说明
3	/	除	表达式/表达式	左到右	双目运算符
	*	乘	表达式 * 表达式		
	%	余数(取模)	整型表达式%整型表达式		
4	+	加	表达式+表达式	左到右	双目运算符
	−	减	表达式−表达式		
5	<<	左移	变量<<表达式	左到右	双目运算符
	>>	右移	变量>>表达式		
6	>	大于	表达式>表达式	左到右	双目运算符
	>=	大于等于	表达式>=表达式		
	<	小于	表达式<表达式		
	<=	小于等于	表达式<=表达式		
7	==	等于	表达式 == 表达式	左到右	双目运算符
	!=	不等于	表达式! = 表达式		
8	&	按位与	表达式 & 表达式	左到右	双目运算符
9	^	按位异或	表达式^表达式	左到右	双目运算符
10			按位或	表达式|表达式	左到右	双目运算符
11	&&	逻辑与	表达式 && 表达式	左到右	双目运算符
12	||	逻辑或	表达式||表达式	左到右	双目运算符
13	?:	条件运算符	表达式 1? 表达式 2: 表达式 3	右到左	三目运算符
14	=	赋值运算符	变量=表达式	右到左	--
	/=	除后赋值	变量/=表达式		--
	*=	乘后赋值	变量 * =表达式		--
	%=	取模后赋值	变量%=表达式		--
	+=	加后赋值	变量+=表达式		--
	−=	减后赋值	变量−=表达式		--
	<<=	左移后赋值	变量<<=表达式		--
	>>=	右移后赋值	变量>>=表达式		--
	&=	按位与后赋值	变量 &=表达式		--
	^=	按位异或后赋值	变量^=表达式		--
	|=	按位或后赋值	变量|=表达式		--
15	,	逗号运算符	表达式,表达式,…	左到右	--

说明：

同一优先级的运算符，运算次序由结合方向所决定。

简单记就是：! > 算术运算符 > 关系运算符 > && > || > 赋值运算符

附录 C　C 语言关键字

C 语言简洁、紧凑，使用方便、灵活。ANSI C 标准 C 语言共有 32 个关键字，这些关键字如下：

auto	break	case	char	const	continue
default	do	double	else	enum	extern
float	for	goto	if	int	long
register	return	short	signed	sizeof	static
struct	switch	typedef	union	unsigned	void
volatile	while				

附录 D　C 语言常用的库函数

库函数并不是 C 语言的一部分，它是由编译系统根据一般用户的需要编制并提供给用户使用的一组程序。每一种 C 编译系统都提供了一批库函数，不同的编译系统所提供的库函数的数目和函数名及函数功能是不完全相同的。ANSI C 标准提出了一批建议提供的标准库函数。它包括了目前多数 C 编译系统所提供的库函数，但也有一些是某些 C 编译系统未曾实现的。考虑到通用性，本附录列出 ANSI C 建议的常用库函数。在编写 C 程序时可根据需要，查阅有关系统的函数使用手册。

（1）数学函数。

使用数学函数时，应该在源文件中使用预编译命令：

#include <math.h>或#include "math.h"

函数名	函数原型	功能	返回值
acos	double acos(double x);	计算 arccos x 的值	计算结果
asin	double asin(double x);	计算 arcsin x 的值	计算结果
atan	double atan(double x);	计算 arctan x 的值	计算结果
atan2	double atan2(double x, double y);	计算 arctan x/y 的值	计算结果

函数名	函数原型	功能	返回值
cos	double cos(double x);	计算 cos x 的值,其中 x 的单位为弧度	计算结果
cosh	double cosh(double x);	计算 x 的双曲余弦 cosh x 的值	计算结果
exp	double exp(double x);	求 e^x 的值	计算结果
fabs	double fabs(double x);	求 x 的绝对值	计算结果
floor	double floor(double x);	求出不大于 x 的最大整数	该整数的双精度实数
fmod	double fmod(double x, double y);	求整除 x/y 的余数	返回余数的双精度实数
frexp	double frexp (double val, int * eptr);	把双精度数 val 分解成数字部分(尾数)和以 2 为底的指数,即 val $=x*2^n$,n 存放在 eptr 指向的变量中	数字部分 x 0.5<=x<1
log	double log(double x);	求 lnx 的值	计算结果
log10	double log10(double x);	求 $\log_{10} x$ 的值	计算结果
modf	double modf (double val, int * iptr);	把双精度数 val 分解成数字部分和小数部分,把整数部分存放在 ptr 指向的变量中	val 的小数部分
pow	double pow(double x, double y);	求 x^y 的值	计算结果
sin	double sin(double x);	求 sin x 的值,其中 x 的单位为弧度	计算结果
sinh	double sinh(double x);	计算 x 的双曲正弦函数 sinh x 的值	计算结果
sqrt	double sqrt (double x);	计算 $\sqrt{x}$,其中 x≥0	计算结果
tan	double tan(double x);	计算 tan x 的值,其中 x 的单位为弧度	计算结果
tanh	double tanh(double x);	计算 x 的双曲正切函数 tanh x 的值	计算结果

(2)字符函数。

在使用字符函数时,应该在源文件中使用预编译命令:

#include <ctype.h>或#include " ctype.h"

函数名	函数原型	功能	返回值
isalnum	int isalnum(int ch) ;	检查 ch 是否是字母或数字	是字母或数字返回 1, 否则返回 0
isalpha	int isalpha(int ch) ;	检查 ch 是否是字母	是字母返回 1, 否则返回 0
iscntrl	int iscntrl(int ch) ;	检查 ch 是否是控制字符(其 ASCII 码在 0 和 0xlF 之间)	是控制字符返回 1, 否则返回 0
isdigit	int isdigit(int ch) ;	检查 ch 是否是数字	是数字返回 1, 否则返回 0
isgraph	int isgraph(int ch) ;	检查 ch 是否是可打印字符(其 ASCII 码在 0x21 和 0x7e 之间), 不包括空格	是可打印字符返回 1, 否则返回 0
islower	int islower(int ch) ;	检查 ch 是否是小写字母(a~z)	是小字母返回 1, 否则返回 0
isprint	int isprint(int ch) ;	检查 ch 是否是可打印字符(其 ASCII 码在 0x21 和 0x7e 之间), 不包括空格	是可打印字符返回 1, 否则返回 0
ispunct	int ispunct(int ch) ;	检查 ch 是否是标点字符(不包括空格)即除字母、数字和空格以外的所有可打印字符	是标点返回 1, 否则返回 0
isspace	int isspace(int ch) ;	检查 ch 是否空格、跳格符(制表符)或换行符	是, 返回 1, 否则返回 0
isupper	int isupper(int ch) ;	检查 ch 是否是大写字母(A~Z)	是大写字母返回 1, 否则返回 0
isxdigit	int isxdigit(int ch) ;	检查 ch 是否是一个 16 进制数字(即 0~9,或 A 到 F,a~f)	是, 返回 1, 否则返回 0
tolower	int tolower(int ch) ;	将 ch 字符转换为小写字母	返回 ch 对应的小写字母
toupper	int toupper(int ch) ;	将 ch 字符转换为大写字母	返回 ch 对应的大写字母

(3)字符串函数

使用字符串中函数时,应该在源文件中使用预编译命令:

#include <string.h>或#include " string.h"

函数名	函数原型	功能	返回值
memchr	void memchr(void * buf, char ch, unsigned count);	在 buf 的前 count 个字符里搜索字符 ch 首次出现的位置	返回指向 buf 中 ch 的第一次出现的位置指针。若没有找到 ch, 返回 NULL
memcmp	int memcmp(void * buf1, void * buf2, unsigned count);	按字典顺序比较由 buf1 和 buf2 指向的数组的前 count 个字符	buf1<buf2,为负数 buf1 = buf2,返回 0 buf1>buf2,为正数
memcpy	void * memcpy (void * to, void * from, unsigned count);	将 from 指向的数组中的前 count 个字符拷贝到 to 指向的数组中。From 和 to 指向的数组不允许重叠	返回指向 to 的指针
memove	void * memove (void * to, void * from, unsigned count);	将 from 指向的数组中的前 count 个字符拷贝到 to 指向的数组中。From 和 to 指向的数组不允许重叠	返回指向 to 的指针
memset	void * memset (void * buf, char ch, unsigned count);	将字符 ch 拷贝到 buf 指向的数组前 count 个字符中。	返回 buf
strcat	char * strcat(char * str1, char * str2);	把字符 str2 接到 str1 后面,取消原来 str1 最后面的串结束符" \0"	返回 str1
strchr	char * strchr(char * str, int ch);	找出 str 指向的字符串中第一次出现字符 ch 的位置	返回指向该位置的指针,如找不到,则应返回 NULL
strcmp	int * strcmp(char * str1, char * str2);	比较字符串 str1 和 str2	若 str1<str2,为负数 若 str1 = str2,返回 0 若 str1>str2,为正数
strcpy	char * strcpy (char * str1, char * str2);	把 str2 指向的字符串拷贝到 str1 中去	返回 str1
strlen	unsigned intstrlen(char * str);	统计字符串 str 中字符的个数(不包括终止符" \0")	返回字符个数
strncat	char * strncat (char * str1, char * str2, un-signed count);	把字符串 str2 指向的字符串中最多 count 个字符连到串 str1 后面,并以 NULL 结尾	返回 str1
strncmp	int strncmp (char * str1, * str2, unsigned count);	比较字符串 str1 和 str2 中至多前 count 个字符	若 str1<str2,为负数 若 str1 = str2,返回 0 若 str1>str2,为正数

函数名	函数原型	功能	返回值
strncpy	char * strncpy (char * str1, * str2, unsigned count);	把 str2 指向的字符串中最多前 count 个字符拷贝到串 str1 中去	返回 str1
strnset	void * setnset (char * buf, char ch, unsigned count);	将字符 ch 拷贝到 buf 指向的数组前 count 个字符中。	返回 buf
strset	void * setset(void * buf, char ch);	将 buf 所指向的字符串中的全部字符都变为字符 ch	返回 buf
strstr	char * strstr(char * str1, * str2);	寻找 str2 指向的字符串在 str1 指向的字符串中首次出现的位置	返回 str2 指向的字符串首次出向的地址。否则返回 NULL

(4) 输入输出函数。

在使用输入输出函数时,应该在源文件中使用预编译命令:

#include <stdio.h>或#include " stdio.h"

函数名	函数原型	功能	返回值
clearerr	void clearer(FILE * fp);	清除文件指针错误指示器	无
close	int close(int fp);	关闭文件(非 ANSI 标准)	关闭成功返回 0,不成功返回-1
creat	int creat(char * filename, int mode);	以 mode 所指定的方式建立文件(非 ANSI 标准)	成功返回正数,否则返回-1
eof	int eof(int fp);	判断 fp 所指的文件是否结束	文件结束返回 1,否则返回 0
fclose	int fclose(FILE * fp);	关闭 fp 所指的文件,释放文件缓冲区	关闭成功返回 0,不成功返回非 0
feof	int feof(FILE * fp);	检查文件是否结束	文件结束返回非 0,否则返回 0
ferror	int ferror(FILE * fp);	测试 fp 所指的文件是否有错误	无错返回 0,否则返回非 0
fflush	int fflush(FILE * fp);	将 fp 所指的文件的全部控制信息和数据存盘	存盘正确返回 0,否则返回非 0
fgets	char * fgets (char * buf, int n, FILE * fp);	从 fp 所指的文件读取一个长度为(n-1)的字符串,存入起始地址为 buf 的空间	返回地址 buf。若遇文件结束或出错则返回 EOF

函数名	函数原型	功能	返回值
fgetc	int fgetc(FILE * fp) ;	从 fp 所指的文件中取得下一个字符	返回所得到的字符。出错返回 EOF
fopen	FILE * fopen (char * filename, char * mode) ;	以 mode 指定的方式打开名为 filename 的文件	成功，则返回一个文件指针，否则返回 0
fprintf	int fprintf (FILE * fp, char * format, args, …) ;	把 args 的值以 format 指定的格式输出到 fp 所指的文件中	实际输出的字符数
fputc	int fputc (char ch, FILE * fp) ;	将字符 ch 输出到 fp 所指的文件中	成功则返回该字符, 出错返回 EOF
fputs	int fputs (char str, FILE * fp) ;	将 str 指定的字符串输出到 fp 所指的文件中	成功则返回 0, 出错返回 EOF
fread	int fread (char * pt, unsigned size, unsigned n, FILE * fp) ;	从 fp 所指定文件中读取长度为 size 的 n 个数据项, 存到 pt 所指向的内存区	返回所读的数据项个数, 若文件结束或出错返回 0
fscanf	int fscanf (FILE * fp, char * format, args, …) ;	从 fp 指定的文件中按给定的 format 格式将读入的数据送到 args 所指向的内存变量中 (args 是指针)	以输入的数据个数
fseek	int fseek(FILE * fp, long offset, int base) ;	将 fp 指定的文件的位置指针移到 base 所指出的位置为基准、以 offset 为位移量的位置	返回当前位置, 否则返回 -1
ftell	long ftell(FILE * fp) ;	返回 fp 所指定的文件中的读写位置	返回文件中的读写位置, 否则返回 0
fwrite	int fwrite(char * ptr, unsigned size, unsigned n, FILE * fp) ;	把 ptr 所指向的 n * size 个字节输出到 fp 所指向的文件中	写到 fp 文件中的数据项的个数
getc	int getc(FILE * fp) ;	从 fp 所指向的文件中的读出下一个字符	返回读出的字符, 若文件出错或结束返回 EOF
getchar	int getchar( ) ;	从标准输入设备中读取下一个字符	返回字符, 若文件出错或结束返回 -1
gets	char * gets(char * str) ;	从标准输入设备中读取字符串存入 str 指向的数组	成功返回 str, 否则返回 NULL
open	int open(char * filename, int mode) ;	以 mode 指定的方式打开已存在的名为 filename 的文件 (非 ANSI 标准)	返回文件号 (正数), 如打开失败返回 -1

函数名	函数原型	功能	返回值
printf	int printf (char * format, args,…);	在 format 指定的字符串的控制下，将输出列表 args 的指输出到标准设备	输出字符的个数。若出错返回负数
prtc	int prtc (int ch, FILE * fp);	把一个字符 ch 输出到 fp 所值的文件中	输出字符 ch,若出错返回 EOF
putchar	int putchar(char ch);	把字符 ch 输出到 fp 标准输出设备	返回换行符,若失败返回 EOF
puts	int puts(char * str);	把 str 指向的字符串输出到标准输出设备,将"\0"转换为回车行	返回换行符,若失败返回 EOF
putw	int putw (int w, FILE * fp);	将一个整数 i(即一个字)写到 fp 所指的文件中(非 ANSI 标准)	返回读出的字符,若文件出错或结束返回 EOF
read	int read (int fd, char * buf, unsigned count);	从文件号 fp 所指定文件中读 count 个字节到由 buf 知识的缓冲区(非 ANSI 标准)	返回真正读出的字节个数,如文件结束返回 0,出错返回−1
remove	int remove (char * fname);	删除以 fname 为文件名的文件	成功返回 0,出错返回−1
rename	int remove(char * oname, char * nname);	把 oname 所指的文件名改为由 nname 所指的文件名	成功返回 0,出错返回−1
rewind	void rewind(FILE * fp);	将 fp 指定的文件指针置于文件头,并清除文件结束标志和错误标志	无
scanf	intscanf (char * format, args,…);	从标准输入设备按 format 指示的格式字符串规定的格式,输入数据给 args 所指示的单元。args 为指针	读入并赋给 args 数据个数。如文件结束返回 EOF,若出错返回 0
write	int write (int fd, char * buf, unsigned count);	丛 buf 指示的缓冲区输出 count 个字符到 fd 所指的文件中(非 ANSI 标准)	返回实际写入的字节数,如出错返回−1

（5）动态存储分配函数。

在使用动态存储分配函数时,应该在源文件中使用预编译命令：

#include <stdlib.h>或#include " stdlib.h"

函数名	函数原型	功能	返回值
callloc	void * calloc(unsigned n, unsigned size);	分配 n 个数据项的内存连续空间，每个数据项的大小为 size	分配内存单元的起始地址。如不成功，返回 0
free	void free(void * p);	释放 p 所指内存区	无
malloc	void * malloc (unsigned size);	分配 size 字节的内存区	所分配的内存区地址，如内存不够，返回 0
realloc	void * realloc(void * p, unsigned size);	将 p 所指的以分配的内存区的大小改为 size。size 可以比原来分配的空间大或小	返回指向该内存区的指针。若重新分配失败，返回 NULL

(6)其他函数。

有些函数由于不便归入某一类，所以单独列出。使用这些函数时，应该在源文件中使用预编译命令：

#include <stdlib.h>或#include " stdlib.h"

函数名	函数原型	功能	返回值
abs	int abs(int num);	计算整数 num 的绝对值	返回计算结果
atof	double atof(char * str);	将 str 指向的字符串转换为一个 double 型的值	返回双精度计算结果
atoi	int atoi(char * str);	将 str 指向的字符串转换为一个 int 型的值	返回转换结果
atol	long atol(char * str);	将 str 指向的字符串转换为一个 long 型的值	返回转换结果
exit	void exit(int status);	中止程序运行。将 status 的值返回调用的过程	无
itoa	char * itoa(int n, char * str, int radix);	将整数 n 的值按照 radix 进制转换为等价的字符串，并将结果存入 str 指向的字符串中	返回一个指向 str 的指针
labs	long labs(long num);	计算 long 型整数 num 的绝对值	返回计算结果
ltoa	char * ltoa (long n, char * str, int radix);	将长整数 n 的值按照 radix 进制转换为等价的字符串，并将结果存入 str 指向的字符串	返回一个指向 str 的指针
rand	int rand( );	产生 0 到 RAND_MAX 之间的伪随机数。RAND_MAX 在头文件中定义	返回一个伪随机(整)数

函数名	函数原型	功能	返回值
random	int random(int num) ;	产生 0 到 num 之间的随机数。	返回一个随机(整) 数
randomize	void randomize( ) ;	初始化随机函数,使用时包括头文件 time.h。	